Ross Honsberger

Mathematische Juwelen

Ross Honsberger

Mathematische Juwelen

Mit 147 Bildern

Friedr. Vieweg & Sohn   Braunschweig/Wiesbaden

CIP-Kurztitelaufnahme der Deutschen Bibliothek

Honsberger, Ross:
Mathematische Juwelen / Ross Honsberger. [Übers.:
Jens Schwaiger]. — Braunschweig; Wiesbaden:
Vieweg, 1982.
  Einheitssacht.: Mathematical gems ⟨dt.⟩
  Teilausg.
  ISBN 3-528-08475-8

Titel der englischen Originalausgabe:

Mathematical Gems II
The Dolciani Mathematical
Expositions 2

© 1976 by The Mathematical Association of America

Übersetzung: Dr. Jens Schwaiger, Graz

Alle Rechte vorbehalten
© Friedr. Vieweg & Sohn Verlagsgesellschaft mbH, Braunschweig 1982

Die Vervielfältigung und Übertragung einzelner Textabschnitte, Zeichnungen oder Bilder, auch für Zwecke der Unterrichtsgestaltung, gestattet das Urheberrecht nur, wenn sie mit dem Verlag vorher vereinbart wurden. Im Einzelfall muß über die Zahlung einer Gebühr für die Nutzung fremden geistigen Eigentums entschieden werden. Das gilt für die Vervielfältigung durch alle Verfahren, einschließlich Speicherung und jede Übertragung auf Papier, Transparente, Filme, Bänder, Platten und andere Medien. Dieser Vermerk umfaßt nicht die in den §§ 53 und 54 URG ausdrücklich erwähnten Ausnahmen.

Satz: Vieweg, Braunschweig
Umschlaggestaltung: Peter Neitzke, Köln
Druck: C. W. Niemeyer, Hameln
Buchbinderische Verarbeitung: W. Langelüddecke, Braunschweig
Printed in Germany

ISBN 3-528-08475-8

Die Reihe der *DOLCIANI MATHEMATICAL EXPOSITIONS* der Mathematical Association of America entstand durch ein großzügiges Geschenk von Mary P. Dolciani, Professor für Mathematik am Hunter College of the City University of New York, an die Association. Dabei wollte Frau Professor Dolciani, selbst eine erfolgreiche Autorin mathematischer Schriften, eine Förderung des Ideals der ausgezeichneten Darstellungsweise in mathematischen Arbeiten erreichen.

Die Association ihrerseits nahm hocherfreut die Gründung des „Wanderfonds" für diese Reihe an von jemandem, der der Association mit Auszeichnung sowohl als Mitglied des Herausgeberkomitees als auch als Vorstandsmitglied dient. Der Vorstand hat mit aufrichtiger Freude beschlossen, diese Reihe ihr zu Ehren zu benennen.

Die Bücher dieser Reihe werden nach den Kriterien klarer, zwangloser Schreibweise und anregender mathematischer Inhalte ausgesucht. Üblicherweise enthalten sie eine große Anzahl von Übungen mit dazugehörigen Lösungen. Die einzelnen Bücher sollen für Studenten in den ersten Semestern hinreichend elementar wirken, außerdem sollen sogar Gymnasiasten mit mathematischen Neigungen sie verstehen und genießen. Trotzdem besteht auch die Hoffnung, daß sie interessant und manchmal auch herausfordernd sind für weiter fortgeschrittene Mathematiker.

Bücher der Reihe *DOLCIANI MATHEMATICAL EXPOSITIONS* in deutscher Übersetzung:

Band 1: **MATHEMATISCHE EDELSTEINE** von *Ross Honsberger*
Band 2: **MATHEMATISCHE JUWELEN** von *Ross Honsberger*

Vorwort

Dieses Buch enthält vierzehn kurze, erklärende Essays über elementare Themen der Zahlentheorie, Kombinatorik und Geometrie. Die Mathematik steckt voller erstaunlicher Dinge. Diese Essays werden hier in der Hoffnung vorgestellt, daß der Leser die Spannung kennenlernen möge, die in den mathematischen Schätzen liegt.

Auf welchem Niveau der Leser sich auch befindet: der geeignete Hintergrund muß da sein, um leicht voranzukommen. Daß ein Thema elementar ist, bedeutet nicht notwendigerweise, daß es auch leicht und einfach ist. Für den Großteil dieses Buches braucht man nur wenige technische Kenntnisse, die über den Rahmen der Schulmathematik hinausgehen. Diese Kenntnisse sind der Binomische Lehrsatz, die vollständige Induktion und Kongruenzen. Man kann aber nicht erwarten, daß das Buch eine leichte Lektüre für Schulabgänger darstellen wird. Es gewisses Maß an mathematischer Reife ist vorausgesetzt, gelegentlich wird auch ziemlich sorgfältiges Überlegen verlangt. Ich hoffe, daß das Buch für Gymnasiallehrer und künftige Lehrer von besonderem Interesse sein wird.

Die Essays sind unabhängig voneinander, weswegen man sie in jeder Reihenfolge lesen kann. Dem Leser wird geraten, die Übungen sorgfältig zu betrachten; unter ihnen befinden sich nämlich einige herrliche Aufgaben.

Ich möchte gerne diese Gelegenheit ergreifen und den Professoren Ralph Boas, Henry Adler, David Roselle und Paul Erdöl dafür danken, daß sie großzügigerweise verschiedene Teile des Manuskriptes kritisch durchgesehen und viele Verbesserungen vorgeschlagen haben. Ich danke auch Dr. Raoul Hailpern, der das Werk bis zur Herausgabe begleitet hat. Meine besondere Dankbarkeit gilt Professor E. F. Beckenbach, dem Leiter des Gesamtprojektes.

Ross Honsberger

University of Waterloo

Inhaltsverzeichnis

1 Drei überraschende kombinatorische und zahlentheoretische Ergebnisse 1
2 Vier geometrische Edelsteine von kleinerer Bedeutung 8
3 Ein Problem beim Damespiel 20
4 Primzahlerzeugung 25
5 Zwei kombinatorische Beweise 34
6 Bizentrische Polygone, Steinersche Ketten und das Hexlet . 41
7 Ein Satz von Gabriel Lamé 48
8 Packungsprobleme 51
9 Ein Satz von Bang und das gleichschenklige Tetraeder 62
10 Eine interessante Reihe 84
11 Chvátals Satz von der Kunstgalerie 95
12 Die durch n Punkte der Ebene bestimmte Menge von Abständen 102
13 Eine Aufgabe aus dem Putnam Wettbewerb 125
14 Der Lovászsche Beweis eines Satzes von Tutte 135
Lösungen und Übungsaufgaben 146
Namen- und Sachwortverzeichnis 167

1 Drei überraschende kombinatorische und zahlentheoretische Ergebnisse

In diesem ersten Kapitel betrachten wir drei eigenartige Ergebnisse aus einem Bereich, der sowohl zur Kombinatorik als auch zur Zahlentheorie gehört.

Als einfache Vorbereitung für das erste Ergebnis leiten wir nun die Formel für den Exponenten h der höchsten Potenz einer Primzahl p ab, die n! teilt, wobei n eine natürliche Zahl ist. Was ist zum Beispiel die höchste Potenz von 2, die 19! teilt?

n! = 19! = 1·2·3·4·5·6·7·8·9·10·11·12·13·14·15·16·17·18·19

Gruppe	2	3	4	5	6	7	8	9	10	11	12	13	14	15	16	17	18	19
1:	x		x		x		x		x		x		x		x		x	
2:			x				x				x				x			
3:							x								x			
4:															x			

Wir können die Menge der Zweierfaktoren im Produkt 19! wie folgt in vier Gruppen einteilen. Jede zweite Zahl liefert einen Faktor 2 (2, 4, 6, 8, 10, 12, 14, 16, 18); jede vierte Zahl hat einen zweiten Faktor 2 (4, 8, 12, 16); jede achte einen dritten (8, 16), und jede sechzehnte einen vierten (16). Zusammen gibt es also $9 + 4 + 2 + 1 = 16$ Zweierfaktoren, und es ist h = 16. Zur Bestimmung des Umfanges der ersten Gruppe teilen wir 19 durch 2 und vernachlässigen den Rest. Diese Zahl bezeichnet man mit [19/2]; sie heißt der „ganze Anteil" von 19/2 und ist die größte ganze Zahl, die kleiner oder gleich 19/2 ist. Sie hat den Wert $[19/2] = [9\frac{1}{2}] = 9$. Auf ähnliche Weise berechnet man den Umfang der zweiten Gruppe als $[19/2^2] = [4\frac{3}{4}] = 4$.

Für die dritte und vierte Gruppe erhält man als Umfang dann $[19/2^3] = 2$ und $[19/2^4] = 1$. Folglich gilt

$$h = [19/2] + [19/2^2] + [19/2^3] + [19/2^4] =$$
$$ 9\ \ +\ \ 4\ \ +\ \ 2\ \ +\ \ 1\ \ = 16.$$

Man erkennt ganz allgemein für h:

$$h = [n/p] + [n/p^2] + [n/p^3] + \ldots,$$

wobei die Reihe abbricht, sobald die Potenzen von p größer als n sind. Geschieht das, so gilt $[n/p^i] = 0$ für alle folgenden Reihenglieder und die Reihe bricht ab.

1.1 Es sei n eine natürliche Zahl und g die Anzahl der Einser in der binären Darstellung von n. Mit h bezeichnen wir wie oben den Exponenten der größten Potenz von 2, die in n! aufgeht. n = 47 hat zum Beispiel die binäre Form 101111. g hat also den Wert 5. Für h erhalten wir

$$h = [47/2] + [47/2^2] + [47/2^3] + [47/2^4] + [47/2^5] =$$
$$=\ 23\ \ +\ \ 11\ \ +\ \ 5\ \ +\ \ 2\ \ +\ \ 1\ \ = 42$$

Es gilt nun, wie der Leser vielleicht schon erraten hat, immer

$$g + h = n.$$

Dieses Ergebnis stammt vom großen französischen Mathematiker Adrien Legendre (1752–1833). Wir beweisen diese und die beiden folgenden Behauptungen, nachdem wir auch die beiden restlichen Resultate formuliert haben.

1.2 Wie in 1.1 sei n eine natürliche Zahl und g die Anzahl der Einser in der Binärdarstellung von n. Außerdem betrachten wir den Binomialkoeffizienten $\binom{n}{r}$, der in der Entwicklung

$$(1 + x)^n = \binom{n}{0} + \binom{n}{1} x + \binom{n}{2} x^2 + \ldots + \binom{n}{n} x^n \quad \text{auftritt.}$$

Bekanntlich bilden diese Koeffizienten die n-te Zeile im Pascalschen Dreieck. Man kann also für kleines n diese Zahlen leicht berechnen. Für alle n gilt nun, daß die Anzahl der *ungeraden* Binomialkoeffizienten $\binom{n}{r}$ (in der n-ten Zeile) eine Potenz von 2 ist. Genauer ist diese Anzahl gleich 2^g, ein höchst unerwartetes Ergebnis.

n	Pascalsches Dreieck	Binärdarstellung von n	g
0	1	0	0
1	1 1	1	1
2	1 2 1	10	1
3	1 3 3 1	11	2
4	1 4 6 4 1	100	1
5	1 5 10 10 5 1	101	2
6	1 6 15 20 15 6 1	110	2
7	1 7 21 35 35 21 7 1	111	3
8	1 8 28 56 70 56 28 8 1	1000	1
.	. . . .	...	.

1.3 Als drittes konstruieren wir mit Hilfe des Pascalschen Dreiecks ein Primzahlsieb. Anstatt die Zahlen spaltenförmig anzuordnen, wobei jede Zeile ganz links beginnt, verschieben wir die n + 1 Zahlen der n-ten Reihe, so daß sie in der n-ten Zeile auf den Plätzen 2n, 2n + 1, ..., 3n zu stehen kommen. Außerdem kreisen wir die durch n teilbaren Zahlen der n-ten Zeile ein. Dann ist die Zahl k prim genau dann, wenn alle Zahlen der k-ten Spalte eingekreist sind! ([1], vgl. Bild 1)

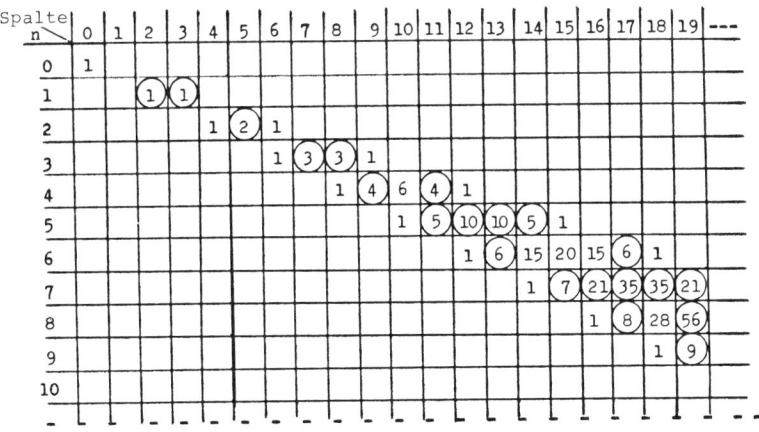

Bild 1

Beweis zu 1.1: Die Binärdarstellung von n sei $n = a_k a_{k-1} \ldots a_1 a_0$. Dabei ist jede Ziffer a_i entweder 0 oder 1. Die Anzahl der Ziffern 1 ist g. Es gilt nun

$$\left[\frac{n}{2}\right] = \left[\frac{a_0}{2} + a_1 + a_2 2 + \ldots + a_k 2^{k-1}\right]$$
$$= a_1 + a_2 2 + \ldots + a_k 2^{k-1}.$$

Allgemein erhält man für $0 < r \leq k$:

$$\left[\frac{n}{2^r}\right] = \left[\frac{a_0 + a_1 2 + \ldots + a_{r-1} 2^{r-1}}{2^r} + a_r + a_{r+1} 2 + \ldots + a_k 2^{k-r}\right].$$

Weil nun

$$a_0 + a_1 2 + \ldots + a_{r-1} 2^{r-1} \leq 1 + 2 + 2^2 + \ldots + 2^{r-1}$$
$$= 2^r - 1 < 2^r$$

gilt, erhält man

$$\frac{a_0 + a_1 2 + \ldots + a_{r-1} 2^{r-1}}{2^r} < 1, \quad \text{und somit}$$

$$\left[\frac{n}{2^r}\right] = a_r + a_{r+1} 2 + \ldots + a_k 2^{k-r}.$$

Für $r = 1, 2, \ldots, k$ gilt also:

$$\left[\frac{n}{2}\right] = a_1 + a_2 2 + a_3 2^2 + \ldots + a_k 2^{k-1}$$

$$\left[\frac{n}{2^2}\right] = \quad\quad a_2 + a_3 2 + \ldots + a_k 2^{k-2}$$

$$\left[\frac{n}{2^3}\right] = \quad\quad\quad\quad a_3 + \ldots + a_k 2^{k-3}$$

$$\ldots\ldots\ldots\ldots\ldots\ldots\ldots\ldots\ldots\ldots$$

$$\left[\frac{n}{2^k}\right] = \quad\quad\quad\quad\quad\quad a_k.$$

Addiert man diese Gleichungen, so gelangt man zu

$$h = a_1 + a_2(1 + 2) + a_3(1 + 2 + 2^2) + \ldots + a_k(1 + 2 + \ldots + 2^{k-1})$$
$$= a_1(2 - 1) + a_2(2^2 - 1) + a_3(2^3 - 1) + \ldots + a_k(2^k - 1)$$
$$= a_0 + a_1 2 + a_2 2^2 + \ldots + a_k 2^k - (a_0 + a_1 + \ldots + a_k)$$
$$= n - (a_0 + a_1 + \ldots + a_k).$$

Die Ziffernsumme $a_0 + a_1 + \ldots + a_k$ ist einfach g, daher gilt $h = n - g$, wie verlangt.

Beweis zu 1.3: Auch hier gibt es einen direkten Zugang. Die obige Tabelle zeigt die Richtigkeit des Ergebnisses für $k = 1, 2, 3$ (sogar bis $k = 19$). Ist $k = 2m$ eine gerade Zahl, die größer als 2 ist, so gilt $m > 1$. Die erste Zahl der m-ten Zeile steht in der Spalte k. Diese Zahl ist 1 und deshalb nicht eingekreist, weil — wegen $m > 1$ — die Zahl m kein Teiler von 1 ist. Da alle 2 übersteigenden geraden Zahlen zusammengesetzt sind, gilt die Behauptung für gerades k.

Nun sei k ungerade. Wir werden zeigen, daß, falls k gleich einer Primzahl p ist, jede Zahl in der k-ten Spalte eingekreist ist, und daß für zusammengesetztes k mindestens eine Zahl in der k-ten Spalte nicht eingekreist ist. Man bemerkt, daß die Zeilen n mit Elementen in der k-ten Spalte die Zeilen mit $2n \leq k \leq 3n$, d.h. mit $\frac{k}{3} \leq n \leq \frac{k}{2}$, sind.

Ein Blick in die Zeile n zeigt, daß in der k-ten Spalte der Binomialkoeffizient $\binom{n}{k-2n}$ steht (vgl. Bild 2).

Spalte Zeile	- - - -	2n	2n+1	2n+2	- -	k	- - -	3n
- -	- - -	-	-	-	-	-	- - -	- -
n	- - -	$\binom{n}{0}$	$\binom{n}{1}$	$\binom{n}{2}$	- -	$\binom{n}{k-2n}$	- - -	$\binom{n}{n}$
- -	- - -	-	-	-	-	-	- - -	- -

Bild 2

(i) Ist $k = p$ prim und größer als 3, so sind die Elemente in der Spalte k die Zahlen $\binom{n}{p-2n}$ mit $\frac{p}{3} \leq n \leq \frac{p}{2}$. Weil $p > 3$ gilt, gilt auch $1 < n < p$, weswegen also n und p teilerfremd zueinander sind. Das bedeutet, daß auch n und $p - 2n$ relativ prim sind.

Für jedes der Elemente $\binom{n}{p-2n}$ in einer solchen Spalte gilt:

$$\binom{n}{p-2n} = \frac{n!}{(p-2n)!\,(3n-p)!}$$

$$= \frac{n}{p-2n} \cdot \frac{(n-1)!}{(p-2n-1)!\,(3n-p)!}$$

$$= \frac{n}{p-2n} \binom{n-1}{p-2n-1},$$

Daraus folgt:

$$(p-2n)\binom{n}{p-2n} = n\binom{n-1}{p-2n-1},$$

weswegen n die linke Seite dieser Gleichung teilt. Weil schließlich n und $p-2n$ teilerfremd sind, teilt n den Binomialkoeffizienten $\binom{n}{p-2n}$; somit ist dieses Element eingekreist.

(ii) Abschließend sei k eine ungerade zusammengesetzte Zahl. k ist also das Produkt von zwei oder mehr ungeraden Primzahlen. Es sei p ein ungerader Primteiler von $k: k = p \cdot (2r+1)$. (k/p muß ungerade sein!). Weil k zusammengesetzt ist, muß $r \geq 1$ gelten. Somit gilt auch $p \leq pr$ und $2pr < k = 2pr + p \leq 3pr$. Folglich steht in der Zeile $n = pr$ ein Element in der k-ten Spalte; dieses ist

$$\binom{n}{k-2n} = \binom{pr}{p}.$$

Nun zeigen wir, daß $n = pr$ diese Zahl nicht teilt, woraus folgt, daß in der k-ten Spalte eine nicht eingekreiste Zahl steht. Untersucht man den Bruch $\frac{1}{pr}\binom{pr}{p}$, so erhält man:

$$\frac{1}{pr}\binom{pr}{p} = \frac{1}{pr} \cdot \frac{pr(pr-1)(pr-2)\ldots(pr-p+1)}{1\cdot 2\cdot 3 \ldots p}$$

$$= \frac{(pr-1)(pr-2)\ldots[pr-(p-1)]}{1\cdot 2\cdot 3 \ldots p}.$$

Kein Faktor $(pr-i)$ im Zähler ist durch p teilbar, weil ja $1 \leq i \leq p-1$ gilt. Weil aber p im Zähler auftritt, kann der Bruch keine ganze Zahl sein, womit gezeigt ist, daß n dieses Element in der k-ten Spalte nicht teilt. Damit ist der Beweis vollständig durchgeführt.

Bemerkungen zu 1.2: Der Beweis zu 1.2 ist beträchtlich komplizierter und wir werden uns mit einer Andeutung eines möglichen Zuganges zu diesem Problem begnügen ([2]).

Man beachte, daß die Anzahl der ungeraden $\binom{n}{r}$ gleich ist der Zahl der $\binom{n}{r}$, die modulo 2 nicht zu 0 kongruent sind. Die wichtigste Stufe ist die Ableitung einer allgemeinen Formel für die Anzahl $T(n)$ der $\binom{n}{r}$, die modulo p nicht zu 0 kongruent sind (p Primzahl). Ist $n = n_k n_{k-1} \ldots n_1 n_0$ die Darstellung von n als p-adische Zahl, dann gilt:

$$T(n) = \prod_{i=0}^{k} (n_i + 1);$$

Man addiert also zu jeder Ziffer 1 und multipliziert diese Zahlen miteinander, um $T(n)$ zu erhalten. Für p = 2 hat man nur 0 oder 1 als Ziffern. Die Faktoren von $T(n)$ sind folglich 1 oder 2. Jede Ziffer 1 in der Binardarstellung von n liefert einen Faktor 2 in $T(n)$, woraus $T(n) = 2^g$ folgt.

Übungen zu Kapitel 1

(1.1) Beweise, daß für eine Primzahl p die Kongruenz $\binom{2p}{p} \equiv 2 \pmod{p}$ gilt.

(1.2) Beweise, daß die natürliche Zahl n alle Binomialkoeffizienten $\binom{n}{r}$ ($1 \leqslant r \leqslant n-1$) genau dann teilt, wenn p prim ist.

Literaturangaben

[1] H. Mann and D. Shanks, A necessary and sufficient condition for primality, and its source. J. Combinatorial Theory. Series A, 13 (Juli 1972) 131.
[2] N. J. Fine, Binomial coefficients modulo a prime. Amer. Math. Monthly, 54 (1957) 589; vgl. auch Amer. Math. Monthly, 65 (1958) 368 (Problem E 1288).

2 Vier geometrische Edelsteine von kleinerer Bedeutung

2.1 Es ist schon seit langem bekannt, daß bestimmte neun zu einem Dreieck gehörigen Punkte immer auf einem Kreis liegen. Diese Punkte sind die Seitenmittelpunkte, die Höhenfußpunkte und die sogenannten Eulerschen Punkte, die die Mittelpunkte der Strecken sind, die zwischen dem Höhenschnittpunkt und den Ecken des Dreiecks liegen (vgl. Bild 3). Dieser Satz über den Neun-Punkt-Kreis scheint am Ende des 18. und zu Beginn des 19. Jahrhunderts in der Luft gelegen zu sein. Während geschichtlich niemand als Entdecker dieses Satzes festzustellen ist, stammt die erste explizite Formulierung von Poncelet aus dem Jahr 1821. Unabhängig davon fand Feuerbach 1822 den selben Satz. Der einfache Beweis findet sich in vielen Büchern über Geometrie. Der Satz selbst ist heute sehr bekannt.

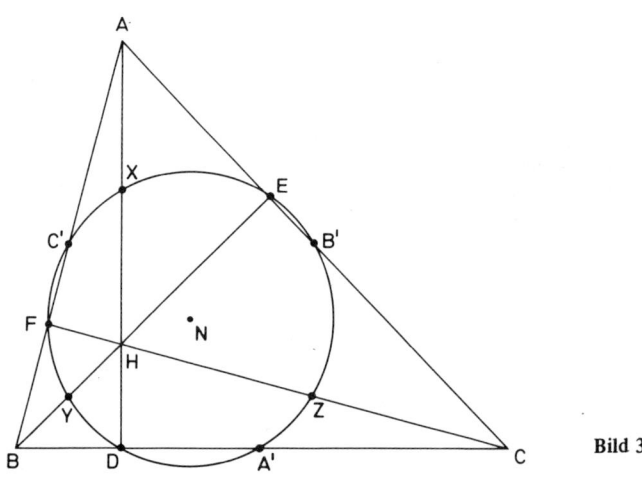

Bild 3

Hat der Leser aber jemals etwa von einem *Acht-Punkt-Kreis* gehört? Ein solcher wurde 1944 von Louis Brand aus Cincinnati angegeben. 1924 schrieb C. N. Schmall aus New York über einen wichtigen Spezialfall, was Louis Brand unbekannt war. Jedoch ist es fast unglaublich, daß die Giganten des 19. Jahrhunderts den Satz über den Acht-Punkt-Kreis nicht kannten, weil er noch elementarer zu beweisen ist als der berühmte Neun-Punkt-Kreis-Satz.

(i) Wir beweisen, daß es auf einem Viereck ABCD mit normal aufeinander stehenden Diagonalen bestimmte acht Punkte gibt, die immer auf einem Kreis liegen (vgl. Bild 4). Es ist wohlbekannt und leicht zu beweisen, daß die Mittelpunkte P, Q, R, S die Seiten eines Parallelogramms bestimmen, dessen Seiten parallel zu den Diagonalen liegen. Weil die Diagonalen normal aufeinander stehen, ist PQRS ein Rechteck, wobei der Umkreis sowohl PR als auch QS als Durchmesser hat. Folglich geht der Kreis auch durch die vier Fußpunkte P′, Q′, R′, S′ der Lote durch P, Q, R, S auf die gegenüberliegenden Seiten.

(ii) Ein Dreieck mit Höhenschnittpunkt H bestimmt ein Viereck ABCH, das aufeinander senkrecht stehenden Diagonalen BH und AC

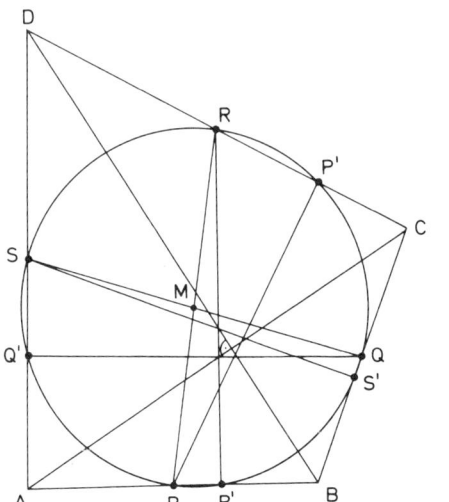

Bild 4

besitzt (vgl. Bild 5). Der entsprechende Acht-Punkt-Kreis enthält die Mittelpunkte C', A', Z, X und die Fußpunkte F, D, F, D. (Die Lote durch die Mittelpunkte C' und Z schneiden die gegenüberliegenden Seiten CH bzw. AB im selben Punkt F. Ähnlicherweise kommt D zweimal vor.) In diesem Fall reduziert sich also der Acht-Punkt-Kreis auf einen Sechs-Punkt-Kreis.

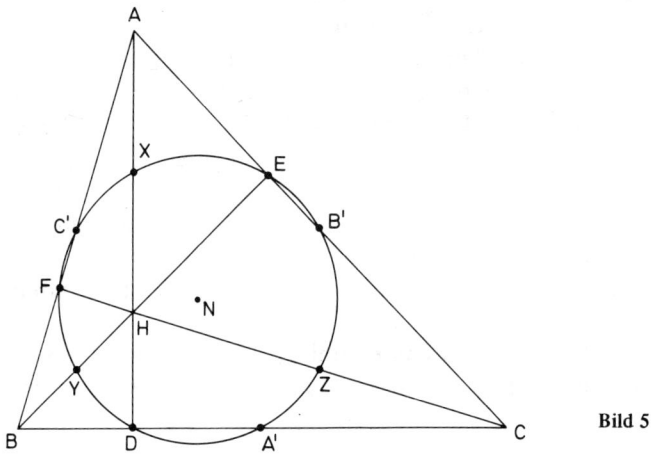

Bild 5

Aus dem Viereck BCAH erhalten wir einen reduzierten Acht-Punkt-Kreis durch die Punkte A', B', X, Y, D und E. Weil dieser Kreis durch drei der obigen Punkte (A', X und D) geht, stimmen die Kreise überein. Folglich liegen die neun Punkte A', B', C', D, E, F, X, Y, Z auf einem gemeinsamen Kreis, wobei sich zeigt, daß der Neun-Punkt-Kreis lediglich der gemeinsame Acht-Punkt-Kreis von ABCH und BCAH (und auch von CABH) ist!

(iii) Betrachtet man nun nochmals das Viereck ABCD aus (i), so erkennt man, daß der Mittelpunkt M des Acht-Punkt-Kreises der Mittelpunkt des Durchmessers PR ist. Nun nimmt man an, daß an jedem Eckpunkte A, B, C, D eine Einheitsmasse hängt. Die Massen in A und B sind äquivalent zu einer Masse von zwei Einheiten, die im Mittelpunkt P der Strecke AB hängt. Analogerweise sind die Massen in C und D äquivalent zu einer Masse von zwei Einheiten im

Punkt R. Der Schwerpunkt des ganzen Systems ist dann der Mittelpunkt M des Acht-Punkt-Kreises als Mittelpunkt von PR.

Wendet man dieses Ergebnis auf das Dreieck ABC mit Höhenschnittpunkt H in (ii) an, so erkennt man, daß der Mittelpunkt des Neun-Punkt-Kreises, der eigentlich der Mittelpunkt zweier zusammenfallender Acht-Punkt-Kreise ist, der Schwerpunkt eines Systems von Einheitsmassen ist, die in den Ecken A, B, C, H der beteiligten Vierecke hängen (vgl. Bild 6). Die Einheitsmassen in A, B, C sind aber äquivalent zu einer dreifachen Masse im Schwerpunkt G des Dreieckes ABC. Folglich ist ein System mit je einer Einheitsmasse in den Punkten A, B, C und H äquivalent zu einem mit einer Einheitsmasse in H und der dreifachen Einheitsmasse in G. Weil N der Schwerpunkt des ganzen Systems ist, müssen H, N und G auf einer Geraden liegen. Außerdem muß wegen der Gleichheit der Drehmomente bezüglich N der Abstand HN gleich sein dem Dreifachen der Strecke GN. Auf diese Weise haben wir also ganz bequem das Ergebnis erhalten, daß N die Strecke HG innen im Verhältnis 3 : 1 teilt.

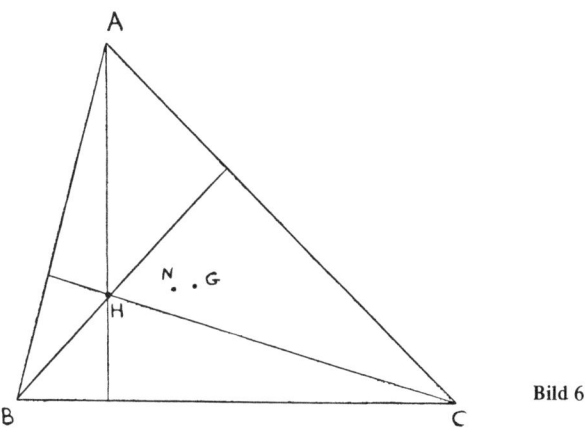

Bild 6

2.2 Es geschieht oft, daß sich von einer Maximum- oder Minimumeigenschaft einer Klasse von Figuren herausstellt, daß sie den Regelmäßigsten unter diesen Figuren zukommt. Ein klassisches Ergebnis ist das folgende: Von allen Polygonen mit einer festen Anzahl n von

Seiten, die einem gegebenen Kreis K umgeschrieben sind, hat das regelmäßige n-Eck den kleinsten Flächeninhalt. Ein äußerst eindrucksvoller Beweis dieses Satzes wurde 1947 vom bedeutenden ungarischen Geometer L. Fejes Tóth angegeben.

Der Angelpunkt seines Gedankenganges ist die Konstruktion des Umkreises C zum regulären n-Eck P, das dem Kreis K umgeschrieben ist. C und K sind also konzentrische Kreise. Im Kreis C schneiden die Seiten von P kleine Segmente s aus, die alle von der selben Größe sind, weil jede Seite den selben Abstand vom gemeinsamen Mittelpunkt O der beiden Kreise hat. Daher hat P die Fläche C-ns (vgl. Bild 7).

Jetzt vergleichen wir die Fläche von P mit der eines beliebigen n-Ecks Q, das K umgeschrieben ist (vgl. Bild 8). Weil alle Seiten von P und Q den Kreis K berühren, haben sie als Abstand vom Mittelpunkt O gerade den Radius r von K. Dementsprechend schneidet jede Seite dieser Polygone, die durch C geht, ein kleines Segment der selben Größe s aus. Wenn eine Ecke von Q im Gebiet zwischen K und C liegt, muß man die Seiten von Q, die von dieser Ecke ausgehen, verlängern, damit sie C schneiden und das entsprechende Segment vervollständigen. Nun seien die Seiten von Q — wenn nötig — verlängert, womit wir n gleiche Segmente s erhalten, die wir, um C angeordnet, mit $s_1, s_2, \ldots, s_n$ bezeichnen.

Jetzt betrachten wir die Fläche $\overline{Q}$ des Durchschnittes von Q und C. Wir erhalten diese Fläche, indem wir mit dem Kreis C beginnen

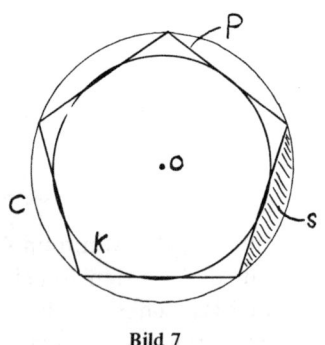

Bild 7

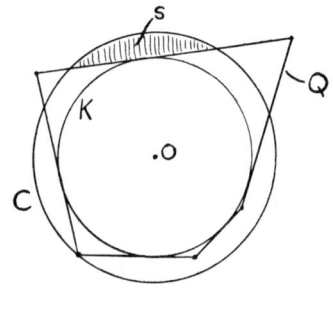

Bild 8

und die Flächen abziehen, die die Seiten von Q aus C ausschneiden. Alle Seiten, die nicht durch eine Ecke zwischen K und C gehen, schneiden ein volles Segment von C aus. Für Seiten, die sich in einem Punkt zwischen K und C schneiden, erhalten wir ein Paar aufeinander folgender Segmente s_i und s_{i+1} (beide vom Flächeninhalt s), die sich überlappen (vgl. Bild 9). Wenn man also die Fläche s für s_i und s_{i+1} abzieht, so hat man ihren Durchschnitt $s_i s_{i+1}$ doppelt abgezogen. Folglich erhält man die Fläche $\overline{Q}$, indem man von C die Fläche s für jede Seite abzieht und die Fläche der Durchschnitte $s_i s_{i+1}$ zum Ausgleich wieder hinzufügt:

$$\overline{Q} = C - ns + (s_1 s_2 + s_2 s_3 + \ldots + s_n s_1).$$

Falls sich s_i und s_{i+1} nicht überlappen, hat der Durchschnitt den Flächeninhalt 0. Auch dann ergibt sich der obige Ausdruck für $\overline{Q}$.

Weil $\overline{Q}$ der Teil von Q ist (es ist auch $\overline{Q} = Q$ möglich), der in C liegt, ist die Fläche von $\overline{Q}$ nicht kleiner als die von Q. Wir erhalten also

$Q \geqslant \overline{Q}$
$= C - ns + (s_1 s_2 + s_2 s_3 + \ldots + s_n s_1)$
$\geqslant C - ns$ (weil der Klammerausdruck nicht negativ ist).

C−ns aber ist die Fläche von P, dem regelmäßigen n-Eck. Wenn jetzt Q eine Ecke außerhalb von C hat, ragt ein Teil von Q aus C hinaus und es gilt $Q > \overline{Q}$. Liegt weiters eine Ecke zwischen K und C, so gilt $s_1 s_2 + s_2 s_3 + \ldots + s_n s_1 > 0$ und daher auch

$$C - ns + (s_1 s_2 + s_2 s_3 + \ldots + s_n s_1) > C - ns.$$

Folglich gilt immer $Q > P$, wenn nicht alle Ecken von Q auf C liegen. Wenn schließlich alle Ecken von Q auf C liegen, ist Q ein regelmäßiges n-Eck, woraus folgt, daß P und Q kongruent sind. Damit aber ist auch die Behauptung gezeigt.

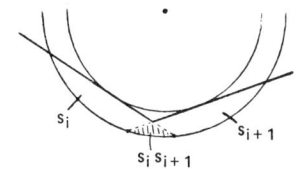

Bild 9

2.3 Ein geistreicher neuer Beweis für ein altes Problem muß geradezu ein Erfolg werden, weil die obige Verknüpfung mit der Aufgabe ein rasches Verstehen des Beweises fördert. Ich hoffe deshalb, daß dem Leser der folgende „Dauerbrenner" schon untergekommen ist:

Im Dreieck OA_1A_2 gelte $\angle O = 20°$. $OA_1 = OA_2$, $\angle OA_2X = 20°$ und $\angle OA_1Y = 30°$. Man bestimme $\Theta = \angle A_2XY$ (vgl. Bild 10).

Die folgende Lösung wurde 1951 von S. T. Thompson aus Tacoma, Washington, angegeben. (Vgl. Bild 11)

Im Kreis C mit Mittelpunkt O und Radius OA_1 ist A_1A_2 eine Sehne, der im Mittelpunkt ein Winkel von 20° gegenüberliegt. Folglich ist A_1A_2 Seite eines regelmäßigen, C eingeschriebenen, 18-Ecks. Es sei $A_1A_2A_3\ldots A_{18}$ ein solches 18-Eck. Nun ist es erstaunlich, daß die Sehne A_3A_{15} das Dreieck OA_1A_2 genau in den Punkten X und Y schneidet. Daß diese Schnittpunkte wirklich X und Y sind, zeigen wir dadurch, daß wir $\angle OA_2X = 20°$ und $\angle OA_1Y = 30°$ nachweisen.

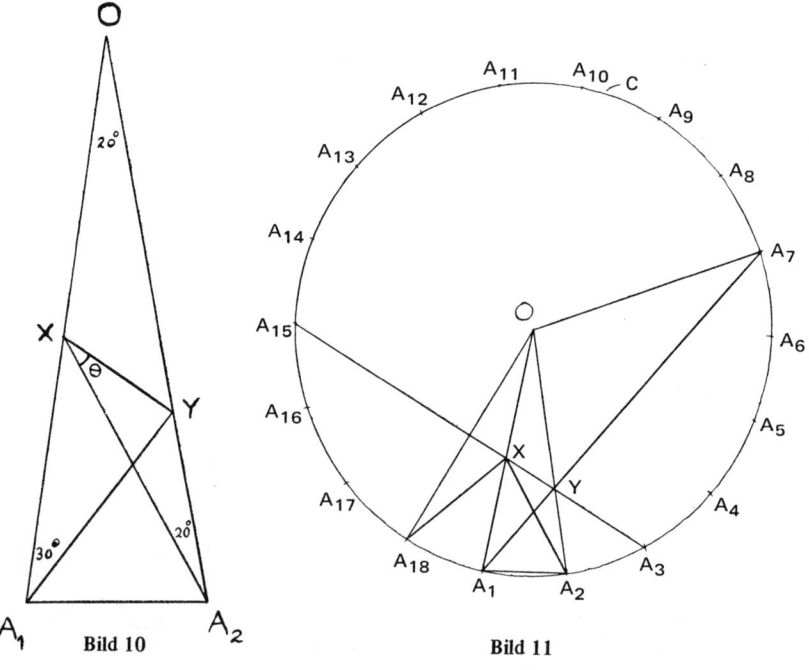

Bild 10   Bild 11

Zunächst bemerken wir, daß die Sehnen A_3A_{15} und A_1A_7 gleich lang sind (beide verbinden Punkte des 18-Ecks, zwischen denen sechs Seiten liegen) und daß sie symmetrisch liegen bezüglich OA_2. Daher schneiden sich diese beiden Sehnen auf OA_2, woraus man folgert, daß A_1A_7 durch Y geht. Weil zwischen A_1 und A_7 sechs Seiten des 18-Ecks liegen, ist A_1A_7 Seite eines gleichseitigen — C eingeschriebenen — Dreiecks, weswegen auch $\measuredangle A_1OA_7 = 120°$ gilt. Im gleichschenkeligen Dreieck OA_1A_7 gilt also $\measuredangle OA_1A_7 = 30°$; und daher auch $\measuredangle OA_1Y = 30°$.

Verbindet man nacheinander jede dritte Ecke, so erhält man in C ein regelmäßiges Sechseck. Die Seitenlänge dieses eingeschriebenen Sechseckes ist dann gerade der Radius des Kreises. Daher hat die Sehne $A_{15}A_{18}$ die gleiche Länge wie OA_{15}, woraus folgt, daß A_{15} auf dem Lot durch den Mittelpunkt der Strecke OA_{18} liegt. Ähnlich erkennt man, daß auch A_3 auf diesem Lot liegt. Weil X ebenfalls auf dieser Geraden liegt, gilt $OX = XA_{18}$. Aus Symmetriegründen erhält man $XA_{18} = XA_2$ und schließlich $OX = XA_2$, weswegen $\triangle OXA_2$ gleichschenkelig ist mit $\measuredangle OA_2X = \measuredangle XOA_2 = 20°$, wie behauptet.

Der Rest ist einfach. Die Seite A_1A_{18} spannt mit O einen Winkel von 20° auf. Weil OA_{18} und $A_{15}A_3$ normal aufeinander stehen, gilt $\measuredangle OXA_{15} = 70°$. Als Scheitelwinkel zu OXA_{15} hat also auch der Winkel A_1XY 70°. Da endlich der Außenwinkel A_1XA_2 im Dreieck OXA_2 die Summe der beiden gegenüberliegenden Innenwinkel ist, gilt $\measuredangle A_1XA_2 = 40°$, woraus $\Theta = \measuredangle A_2XA = 70° - 40° = 30°$ folgt.

2.4 Es kann im zwanzigsten Jahrhundert nicht mehr viel Hoffnung bestehen, daß noch wirklich hübsche Sätze der Geometrie auf ganz elementarem Niveau zu entdecken sind. Jedoch scheint der amerikanische Geometer Roger Johnson der erste gewesen zu sein, der auf das folgende Resultat stieß, das auch einem Schüler der 10. oder 11. Schulstufe mit einem ersten Lehrgang in Euklidischer Geometrie zugänglich ist. Johnson fand den Satz 1916. Wir verwenden C(r) als Bezeichnung für einen Kreis mit Mittelpunkt C und Radius r. (Vgl. Bild 12).

Satz: *Es mögen drei Kreise $C_1(r)$, $C_2(r)$, $C_3(r)$ mit dem selben Radius r durch einen gemeinsamen Punkt O gehen, wobei die weiteren*

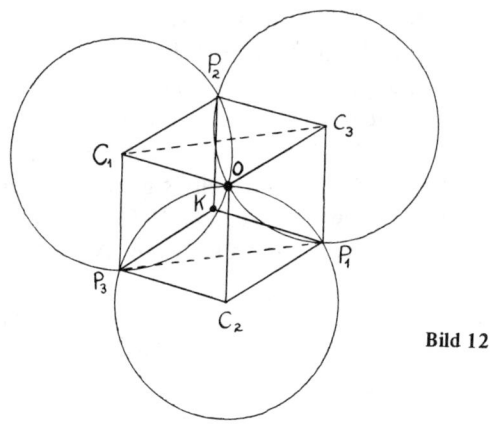

Bild 12

Schnittpunkte P_1, P_2 und P_3 seien. Dann ist der Umkreis von $\triangle P_1 P_2 P_3$ ein vierter Kreis mit Radius r.

Beweis: Weil alle drei gegebenen Kreise den Radius r haben, enthält die Abbildung mehrere Rhomben. Den beiden Rhomben $C_1 P_3 C_2 O$ und $O C_2 P_1 C_3$ entnimmt man, daß $C_1 P_3$ gleich lang ist wie $O C_2$ und dazu parallel. $O C_2$ wiederum ist gleich lang wie $C_3 P_1$ und dazu parallel, weshalb $C_1 P_3 P_1 C_3$ ein Parallelogramm ist. Folglich stimmen die einander gegenüberliegenden Seiten $C_1 C_3$ und $P_1 P_3$ überein. Ähnlicherweise ist jede der beiden übrigen Seiten in $\triangle C_1 C_2 C_3$ einer Seite in $\triangle P_1 P_2 P_3$ gleich, weswegen diese beiden Dreiecke zueinander kongruent sind. Nun gilt $OC_1 = OC_2 = OC_3 = r$, wodurch gezeigt ist, daß der Umkreis des Dreiecks $C_1 C_2 C_3$ gerade $O(r)$ ist. Das zum ersten Dreieck kongruente Dreieck $P_1 P_2 P_3$ hat einen Umkreis des selben Radius, womit alles gezeigt ist.

Frank Bernhard, ein Kollege an der University of Waterloo, wies neulich auf eine weitere nette Abrundung dieser Beweisführung hin. Der Punkt K vervollständige des Rhombus $P_1 C_2 P_3 K$. Dann gilt $KP_1 = KP_3 = r$; weil $P_2 C_3$ gleich lang ist wie $C_1 O$ und $P_3 C_2$ und parallel zu diesen beiden Seiten, gilt das auch für $P_1 K$. Deshalb ist $P_2 C_3 P_1 K$ ein weiterer Rhombus und es gilt daher $KP_2 = r$. Der Kreis $K(r)$ geht also durch P_1, P_2 und P_3.

Es ist interessant, daß Frank diese Idee fand, indem er die Figur als ebene Projektion eines Würfels deutete, wobei O und K ein Paar einander gegenüberliegender Ecken darstellen.

Ebenfalls 1916 gab Arnold Emch von der University of Illinois einen weiteren entzückenden Beweis. (Vgl. Bild 13). Weil die gegebenen Kreise gleich sind, schneidet OP_1 gleiche Segmente in den beiden Kreisen aus, in denen diese Strecke eine Sehne ist. Folglich liegt dieser Sehne in den Punkten P_2 und P_3 auf dem Rand dieser beiden Kreise der gleiche Winkel x gegenüber. Analog liegt der zwei Kreisen gemeinsamen Sehne OP_2 in P_1 und P_3 ein gemeinsamer Winkel y gegenüber. In $\triangle OP_1P_2$ beträgt die Winkelsumme x + y + z 180°. Folglich ergänzt der Winkel $\sphericalangle P_2P_3P_1$ (= x + y) den Winkel z = $\sphericalangle P_2OP_1$ auf 180°. Im Sehnenviereck AP_2OP_1 ergänzt aber auch der Winkel in A den Winkel z auf 180°. Folglich gilt $\sphericalangle$ A = x + y = = $\sphericalangle P_2P_3P_1$. Das bedeutet, daß die Sehne P_1P_2 vom Umkreis von $\triangle P_2P_3P_1$ ein gleich großes Segment ausschneidet wie vom Kreis $C_3(r)$, weswegen dieser Umkreis den Radius r des Kreises $C_3(r)$ haben muß.

Unter anderem wies Dr. Emch auf eine Anwendung hin, die die Transformationen der Seiten und des Umkreises eines Dreiecks bei Spiegelung am Inkreis betrifft. Weil bei dieser Spiegelung der Inkreis punktweise in sich übergeht und Geraden, die nicht durch den Mittelpunkt des Spiegelkreises gehen, in Kreise durch diesen Mittelpunkt

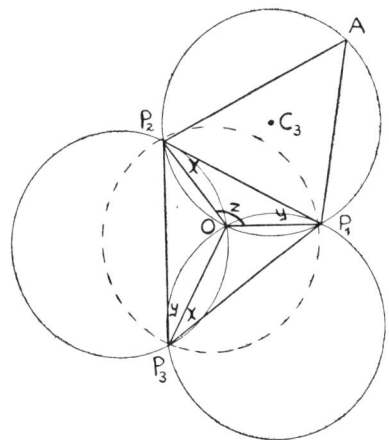

Bild 13

übergehen, erkennt man, daß die Seiten des Dreieckes übergehen in Kreise, die den Inkreis berühren und durch den Inkreismittelpunkt I gehen (Punkte außerhalb des Kreises werden in Punkte im Inneren transformiert). (vgl. Bild 14). Der Durchmesser dieser Kreise ist also der Radius des Inkreises, weshalb diese Kreise gleich groß sind. Nach obigem Satz ist auch der Kreis durch die weiteren Schnittpunkte P_1, P_2, P_3 von der selben Größe. Dieser Kreis ist aber der Umkreis des Dreiecks. (Eine auf zwei Seiten liegende Ecke wird in einen Punkt auf zwei Bildkreisen transformiert; außerdem geht ein Kreis, der nicht durch I geht, wieder in einen Kreis über, der ebenfalls nicht durch I geht.) Man erhält also das folgende nette Ergebnis:

Bei Spiegelung am Inkreis eines Dreiecks gehen die Seiten und der Umkreis in vier gleich große Kreise über.

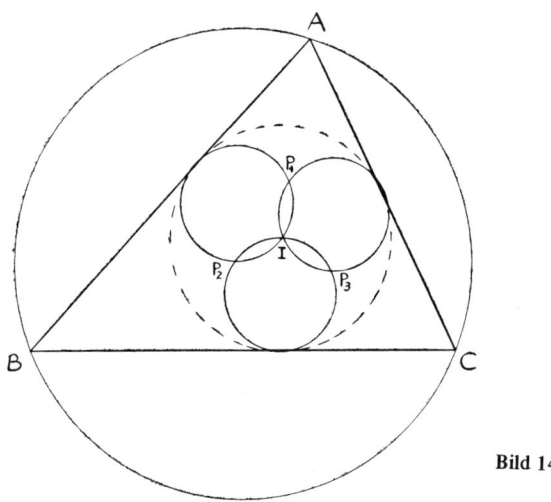

Bild 14

Übungen zu Kapitel 2

(2.1) X sei ein Punkt im Äußeren des Winkels ABC. Man ziehe eine Gerade durch X, die aus dem Winkel ABC ein Dreieck mit gegebenem (geeignetem) Umfang p ausschneidet.

(2.2) X sei ein Punkt im Inneren des Winkels ABC. Man ziehe eine Gerade durch X, die aus ABC ein Dreieck mit minimalem Umfang ausschneidet.

(2.3) Man beweise, daß die Berührungspunkte eines räumlichen Vierecks, das einer Kugel umgeschrieben ist, mit dieser Kugel auf einem Kreis liegen. (Hinweis: Man bringe geeignete Massen an den Ecken des Viereckes so an, daß Ecken einer Seite als Schwerpunkt den Berührungspunkt dieser Seite mit der Kugel haben.)

(2.4) Ein Pirat entschloß sich, einen Schatz auf einer Insel zu vergraben, in deren Ufernähe sich zwei einander ähnliche Felsblöcke A und B befinden. Weiter landeinwärts befinden sich außerdem drei Kokospalmen C_1, C_2, C_3. Beim Baum C_1 stehend steckte der Pirat die Strecke $C_1 A_1$ ab, die normal steht auf $C_1 A$, die die Länge dieser Strecke hat und vom Dreieck $AC_1 B$ nach außen gerichtet ist. Gleicherweise steckte er die Strecke $C_1 B_1$ normal auf $C_1 B$ ab, wobei die Längen wieder übereinstimmten und die Strecke von AC_1 nach außen gerichtet war. Dann bestimmte er P_1 als Schnittpunkt von AB_1 und BA_1. Genau so bestimmte er — beim Baum C_2 bzw. C_3 stehend — die Punkte P_2 und P_3 und vergrub endlich seinen Schatz im Umkreismittelpunkt von $\Delta P_1 P_2 P_3$.

Als er einige Jahre danach zur Insel zurückkam, sah der Pirat, daß ein Sturm alle Kokospalmen vernichtet hatte. Wie kann er seinen vergrabenen Satz finden?

(2.5) AB sei der Durchmesser eines gegebenen Kreises (mit unbekanntem Mittelpunkt). Man konstruiere unter alleiniger Verwendung eines Lineals die Normale auf AB durch einen gegebenen Punkt P.

Literaturangaben

[1] L. Brand, The eight-point circle and the nine-point circle, Amer. Math. Monthly, 51 (1944) 84.
[2] L. F. Toth, New proof of a minimum property of the regular n-gon, Amer. Math. Monthly, 54 (1947) 589.
[3] Die Thompsonsche Lösung findet man in Amer. Math. Monthly, 58 (1951) 38, Problem E 913.
[4] R. A. Johnson, A circle theorem, Amer. Math. Monthly, 23 (1916) 161.
[5] C. N. Schmall, Amer. Math. Monthly, 32 (1925) 99 (Problem 3080, gestellt 1924, S. 255).

3 Ein Problem beim Damespiel

3.1 Jeder kennt den „*Bocksprung*"-Zug beim Damespiel. Es gibt ein interessantes Problem, das das Springen beim Damespiel auf den Gitterpunkten einer Ebene betrifft. Man beginnt damit, eine Anzahl von Figuren in der Startzone zu postieren, die aus den Gitterpunkten auf und unterhalb der x-Achse besteht. Das Ziel soll es sein, eine Figur so weit wie möglich über die x-Achse zu bringen, wobei nur Damesprünge in Richtung der Gitterlinien erlaubt sind (Diagonalsprünge sind verboten). Das Problem besteht darin, die kleinste Anzahl von Figuren zu bestimmen, die es einer Figur ermöglicht eine vorgeschriebene Höhe über der x-Achse zu erreichen.

(i) Man erkennt unmittelbar, daß man nur zwei Figuren benötigt, um die erste Ebene über der x-Achse (d. h. die Gerade $y = 1$) zu erreichen. (Vgl. Bild 15).

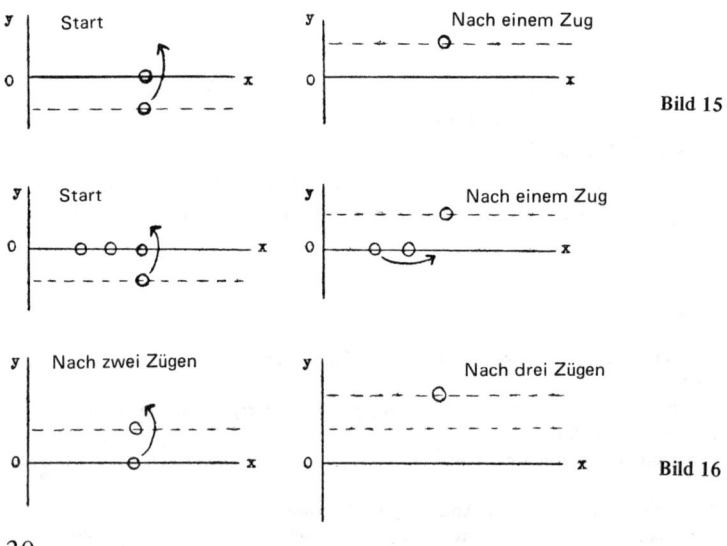

Bild 15

Bild 16

(ii) Es ist fast genauso klar, daß man Ebene 2 mit vier Figuren erreichen kann. (Vgl. Bild 16).

(iii) Um die dritte Ebene zu erreichen, muß man mit acht Figuren anfangen: Man verwendet vier Figuren dazu eine Figur auf Ebene 2 zu bringen, wie zuvor beschrieben. Sodann benützt man weitere vier Figuren, um die Aufgabe abzuschließen. (Vgl. Bild 17).

(iv) Nun wird man erwarten, daß man $2^4 = 16$ Figuren benötigen um die Ebene 4 zu erreichen. Überraschenderweise braucht man dazu aber 20. (Vgl. Bild 18). Nach den zwölf in dieser Abbildung gezeigten Zügen erhalten wir eine Konfiguration von acht Figuren, die aus der Situation bekannt ist, eine Figur auf Ebene 3 zu bringen. Da die Konfiguration aber eine Ebene höher liegt, kann man also eine Figur auf Ebene 4 bringen.

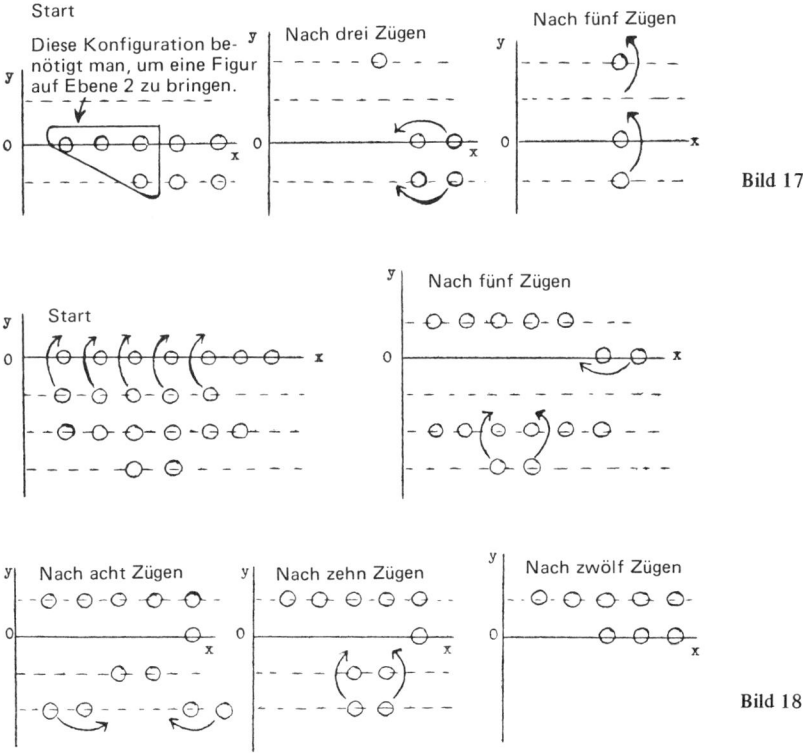

Bild 17

Bild 18

3.2 Die Hauptfrage ist der Fall der Ebene 5. Die vorhergegangenen Fälle benötigten 2, 4, 8 und 20 Figuren. Wieviele Figuren wird man wohl brauchem um Ebene 5 zu erreichen? So unglaublich es klingen mag, man erhält als Antwort, daß keine Anordnung von wievielen Figuren auch immer ausreicht, die Ebene 5 zu erreichen! Der Beweis ist nicht schwer; man kann kaum unberührt bleiben von der bezaubernden Kraft, die die Mathematik in dieser netten Anwendung zeigt. Dies ist die Entdeckung von John Conway aus Cambridge.

Wir beginnen mit der Bemerkung, daß man – falls man einen bestimmten Gitterpunkt P auf Ebene 5 erreichen kann – jeden Gitterpunkt auf dieser Höhe erreichen kann; man muß ja nur die Ausgangssituation entsprechend nach links oder rechts verschieben. Wir erledigen jetzt die Angelegenheit dadurch, daß wir zeigen, daß ein beliebiger, aber fester Punkt P in Ebene 5 unerreichbar ist.

Wir bringen die Mathematik ins Spiel, indem wir jedem Gitterpunkt einem Wert zuordnen. Jeder dieser Werte ist eine Potenz einer Zahl x, die bald näher bestimmt werden wird. Der Exponent der Potenz ist einfach die Anzahl von Einheitsschritten in Richtung parallel zu den Achsen im kürzesten Weg vom ausgezeichneten Punkt P zum entsprechenden Gitterpunkt. Folglich hat P selbst den Wert $x^0 = 1$. Die vier unmittelbaren Nachbarn von P haben den Wert x, die acht Gitterpunkte, die zwei Schritte von P entfernt liegen, haben den Wert x^2, usw. Daher sind den Gitterzeilen und -spalten Folgen unmittelbar aufeinanderfolgende Potenzen von x zugeordnet. (Vgl. Bild 19).

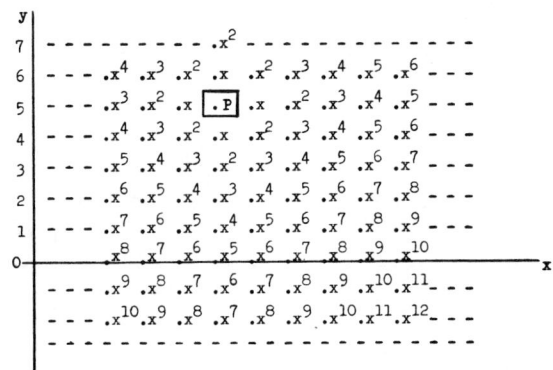

Bild 19

Der Wert einer Anordnung von Figuren sei die Summe der Werte der Gitterpunkte, auf denen diese Figuren stehen. Jetzt untersuchen wir die Wertveränderung einer Konfiguration bei Ausführung eines Sprunges. Es gibt drei Arten von Sprüngen — die, die eine Figur (i) näher zu P, (ii) weiter weg von P bringen und (iii) die, bei denen die Figur den selben Abstand von P beibehält. Bei jedem Sprung beginnen wir mit zwei besetzten benachbarten Punkten und hören auf bei einer Situation, in der diese beiden Punkte unbesetzt sind, dafür aber ein anderer Punkt besetzt ist. Bei jedem Zug des Typs (i) (vgl. Bild 20) erhalten wir einen Wert x^n und verlieren zwei Werte x^{n+1} und x^{n+2}. Die Veränderung im Wert ist also durch $x^n - (x^{n+1} + x^{n+2}) =$ $= x^n(1 - x - x^2)$ gegeben. Bei einem Zug des Typs (ii) ist die Wertänderung durch $x^{n+2} - (x^{n+1} + x^n) = x^n(x^2 - x - 1)$ gegeben. Nun müssen wir den Wert von x angeben. x sei so gewählt, daß keine Wertänderung bei Zügen des Typs (i) eintritt. Es muß also

$$1 - x - x^2 = 0 \quad \text{oder} \quad x = (-1 \pm \sqrt{5})/2$$

gelten. Nimmt man für x die positive Wurzel $(-1 + \sqrt{5})/2$, so erhalten wir einen Wert zwischen 0 und 1. Genauer gesagt ist x reziprok zum Wert des berühmten Goldenen Schnittes, der in so vielen verschiedenen Zusammenhängen auftritt. Außerdem ist zu beachten, daß $x^2 = 1 - x$ gilt. Bei einem Zug des Typs (ii) ist die Wertänderung

$$x^n(x^2 - x - 1) = x^n(1 - x - x - 1) = x^n(-2x) < 0.$$

Nach einem solchen Zug ist der Wert der danach entstehenden Figuration kleiner als vorher. Weil ein Zug vom Typ (iii) bloß ein Sprung über eine der Gitterlinien durch P ist, vermindert auch ein solcher Sprung den Wert einer Figurenkonfiguration: $x^n - (x^{n-1} + x^n) =$ $= -x^{n-1}$. (Vgl. Bild 21). Insgesamt läßt also jeder Sprung den Wert

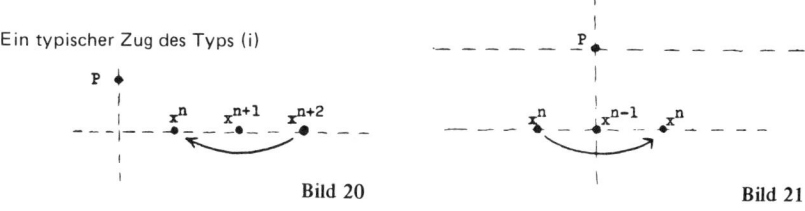

Ein typischer Zug des Typs (i)

Bild 20 Bild 21

einer Konfiguration unverändert oder verkleinert ihn. Eine Wertsteigerung tritt überhaupt nicht ein.

Eine Figur in P würde den Wert 1 haben. Daher müßte eine Ausgangssituation, die fähig ist eine Figur nach P zu bringen, einen Wert von mindestens 1 haben. Eine Figuration mit einem Wert kleiner als 1 müßte eine Wertsteigerung erfahren, damit eine Figur nach P gebracht werden kann, was man aber — wie wir soeben gesehen haben, — durch zulässige Züge nicht erreichen kann. Der Wert der ganzen Halbebene, des Startbereiches, ist einfach zu bestimmen, indem man die Punkte spaltenweise betrachtet. Die Spalte unmittelbar unter P liefert den Wert $x^5 + x^6 + x^7 + \ldots$ einer geometrischen Reihe mit der Summe $x^5/(1-x)$ (es gilt ja $0 < x < 1$). Die Spalten links und rechts von dieser „*mittleren*" haben jeweils den Wert

$$x^6 + x^7 + x^8 + \ldots = \frac{x^6}{1-x}, \text{ insgesamt also } \frac{2x^6}{1-x}.$$

Analog gibt es zwei Spalten mit Wert $x^7 + x^8 + x^9 + \ldots$ und Gesamtwert $2x^7/(1-x)$. Alles zusammen genommen erhält man als Gesamtsumme

$$S = \frac{x^5}{1-x} + 2\left(\frac{x^6}{1-x} + \frac{x^7}{1-x} + \frac{x^8}{1-x} + \ldots\right),$$

wobei in der Klammer wieder eine geometrische Reihe steht. Berechnet man die Summe dieser Reihe und verwendet man $1 - x = x^2$, so erhält man

$$S = \frac{x^5}{1-x} + \frac{2x^6}{1-x}(1 + x + x^2 + \ldots)$$

$$= \frac{x^5}{1-x} + \frac{2x^6}{1-x} \cdot \frac{1}{1-x}$$

$$= x^3 + 2x^2 = x(x^2 + 2x) = x(1 - x + 2x)$$

$$= x(1 + x) = x + x^2 = x + 1 - x = 1.$$

Daher bedeutet auch nur ein einziger unbesetzter Platz im Startbereich, daß die Ausgangskonfiguration einen Wert < 1 hat, was zu wenig ist, eine Figur nach Ebene 5 zu bringen.

4 Primzahlerzeugung

4.1 Eine Primzahlformel hat uns ständig in Atem gehalten, sich aber immer unserem Zugriff entzogen. Unsere Anstrengungen sind jedoch nicht unbelohnt geblieben. Das Thema dieses Kapitels ist ein aufregender Fortschritt, der kürzlich gemacht worden ist.

1772 wies Euler darauf hin, daß das Trinom

$$f(x) = x^2 + x + 41$$

Primzahlen liefert für die vierzig Werte $x = 0, 1, \ldots, 39$. Wegen $f(x - 1) = f(-x)$ gilt

$$f(0) = f(-1), f(1) = f(-2), f(2) = f(-3), \ldots,$$

wodurch man erkennt, daß unser Trinom diese Primzahlen auch für $x = -1, -2, \ldots, -40$ als Werte annimmt. Folglich ist der Wert von $x^2 + x + 41$ eine Primzahl für die *achtzig aufeinanderfolgenden ganzen Zahlen* $x = -40, -39, \ldots, 38, 39$. Anders gesagt, liefert die Funktion

$$f(x - 40) = x^2 - 79x + 1601$$

diese 80 Primzahlen für $x = 0, 1, 2, \ldots, 79$. Zur Zeit hält diese quadratische Funktion den Rekord für die längste Folge aufeinanderfolgender ganzer Zahlen, für die sie Primzahlen als Werte annimmt, gemeinsam mit $x^2 - 2999x + 2248541$. Diese Funktion liefert 80 Primzahlen für $x = 1460, 1461, \ldots, 1539$. Damit kann sich $6x^2 + 6x + 1$ nicht messen (Primzahlwerte für $x = 0, 1, \ldots, 28$). Besser ist das Binom $2x^2 + 29$ mit 57 Primzahlen für $x = -28, -27, \ldots, 28$. Das Eulersche Trinom hat noch andere interessante Eigenschaften. (vgl. die Übungen!) Zum Beispiel ist $f(x)$ nie ein Quadrat, außer für $x = 40$: $f(40) = f(-41) = 41^2$, außerdem ist $f(x)$ durch keine Zahl d mit $1 < d < 41$ teilbar.

Im allgemeinen weiß man wenig über dieses Thema; einige interessante Ergebnisse wurden aber dennoch gefunden. 1933 zeigte D. H. Lehmer: Falls das spezielle Polynom $x^2 + x + A$ mit $A > 41$ nach dem Beispiel des Eulerschen Trinoms Primzahlwerte für $x = 0, 1, \ldots, A-2$ liefert, so muß dieses A größer als 1,25 Milliarden sein. 1934 wurde bewiesen, daß es auch im Bereich der großen Zahlen nicht mehr als eine solche Zahl A geben kann; in den späten Sechzigerjahren konnte — mit schwierigen Überlegungen — gezeigt werden, daß es überhaupt keine solche Zahl gibt. Es gilt aber, daß es zu jeder natürlichen Zahl n ein ganzzahliges Polynom von Grad n gibt, das Primzahlwerte für $x = 0, 1, 2, \ldots, n$ annimmt. Die Funktion $f(x) = x$ liefert trivialerweise alle Primzahlen als Werte. Es ist jedoch kein Polynom eines Grades größer als 1 bekannt, daß für unendliche viele x Primzahlen als Wert annimmt. Nicht schwer ist der Beweis dafür, daß es kein Polynom gibt, daß für natürliche Zahlen $x = 0, 1, 2, \ldots$ nur Primzahlwerte hat.

Verlassen wir die Klasse der Polynome, so zeigt es sich, daß es Funktionen gibt, die unendlich oft Primzahlen als Werte annehmen. W. H. Mills bewies die Existenz einer reellen Zahl k, so daß

$$[k^{(3^n)}]$$

für $n = 1, 2, 3, \ldots$ prim ist. (Dabei bedeutet [z] die größte ganze Zahl, die nicht größer als z ist.) Mills bewies die Existenz, der Wert von k ist aber unbekannt. 1963 bewies B. M. Bredihin, daß

$$f(x, y) = x^2 + y^2 + 1$$

für unendliche viele Paare (x, y) Primzahlen liefert. $x^2 + y^2 + 1$ ist aber weit davon entfernt nur Primzahlen als Wert anzunehmen. (z.B. gilt: $a^2 + b^2 + 1$ ist gerade, falls a ungerade und b gerade ist). Wir wenden uns nun unser Interesse einer einfachen Funktion f(x, y) zu, die für natürliche Zahlen x, y *nur* Primzahlen liefert, *jede* Primzahl liefert und *jede ungerade Primzahl genau einmal* als Wert annimmt.

4.2 Der Satz von Wilson

Unser Hauptergebnis folgt ganz einfach aus einem der Pfeiler der Zahlentheorie — dem Satz von Wilson. Dieser Satz wurde schon von Leibniz vor 300 Jahren bemerkt und erstmals vor ungefähr 200 Jahren von Lagrange bewiesen. Tatsächlich bewies Wilson nie diesen Satz, er vermutete ihn bloß. Eine andere Frage ist es, wieso der Satz unter seinem Namen bekannt wurde. 1770 kündigte Edward Waring diesen Satz in seinen Schriften an; er schrieb ihn John Wilson zu, weil dieser es war, der ihm davon Mitteilung machte.

Auf jeden Fall ist der Satz bemerkenswert. Er gibt eine notwendige und hinreichende Bedingung dafür an, daß eine Zahl eine Primzahl ist; man erhält also — zumindest theoretisch — eine zweite Möglichkeit Primzahlen zu charakterisieren.

Satz von Wilson: *Die Zahl* p *teilt* $(p-1)! + 1$ *genau dann, wenn* p *prim ist.*

Beweis: (a) *Notwendig.*

Wir setzen also voraus, daß p die Zahl $(p-1)! + 1$ teilt. Wenn nun p nicht prim wäre, würde $p = a \cdot b$ gelten mit natürlichen Zahlen a und b, die beide größer als 1 sind. b ist dann auch kleiner als p und tritt deshalb als Faktor in $(p-1)!$ auf. Weil p ein Teiler von $(p-1)! + 1$ ist, ist es auch b. Weil also b die Zahlen $(p-1)!$ und $(p-1)! + 1$ teilt, ist b auch ein Teiler der Differenz 1. b ist aber größer als 1. Ein Widerspruch.

(b) *Hinreichend.*

Nun ist p als Primzahl vorausgesetzt. Wir müssen p als Teiler von $(p-1)! + 1$ nachweisen. Für $p = 2$ stimmt das offensichtlich. Jetzt sei also p eine ungerade Primzahl.

Als nächstes betrachten wir die Zahlen $1, 2, 3, \ldots, p-1$ und zeigen, daß es, wenn x eine dieser Zahlen ist, genau eine Zahl y unter diesen gibt mit $x \cdot y \equiv 1 \pmod{p}$. Das bedeutet dann, daß man diese Zahlen in Paare einteilen kann, so daß für die beiden Zahlen eines Paares $x \cdot y \equiv 1 \pmod{p}$ gilt.

Zu diesem Zweck sei x eine der obigen Zahlen. Wir betrachten die Vielfachen von $x : [x, 2x, 3x, \ldots, (p-1)x]$. Angenommen, es gelte für zwei dieser Vielfachen, daß sie modulo p zueinander kongruent sind:

$rx \equiv sx \pmod{p}, r \neq s.$

Dann erhält man $(r - s) x \equiv 0 \pmod{p}$. Das bedeutet, daß p ein Teiler von $(r - s) x$ ist. p ist prim, also teilt p entweder $r - s$ oder x (oder beide). Das kann aber nicht sein, weil x, r und s alle in der Menge $\{1, 2, 3, \ldots, p - 1\}$ liegen, woraus $0 < |r - s|, x < p$ folgt. Folglich ist jede dieser Vielfachen von x zu einem anderen Rest modulo p kongruent. Keines dieser Vielfachen ist durch p teilbar, weswegen $[x, 2x, \ldots, (p - 1) x]$ zusammen alle Reste $1, 2, \ldots, p - 1$ bestimmen. Daher läßt genau eines dieser Vielfachen, xy, bei Division durch p den Rest 1, wie behauptet.

Unter den betrachteten Zahlen sind zwei, die mit ihrem Partner zusammenfallen. Um diese zu bestimmen, betrachten wir

$x^2 \equiv 1 \pmod{p}.$

Daraus erhält man $p | x^2 - 1 = (x - 1)(x + 1)$, woraus $p | x - 1$ oder $p | x + 1$ folgt. Offensichtlich sind die einzig in Frage kommenden Zahlen aus $\{1, 2, \ldots, p - 1\}$ die Zahlen 1 und $p - 1$. Läßt man diese weg, so bleiben $2, 3, \ldots, p - 2$ übrig, wobei hier jeder Zahl x eine davon verschiedene Zahl y mit $x \cdot y \equiv 1 \pmod{p}$ entspricht. Es gilt also bei geeigneter Numerierung

$x_1 y_1 \equiv x_2 y_2 \equiv \ldots \equiv 1 \pmod{p}.$

Das Produkt erfüllt dann die Relation

$(x_1 y_1)(x_2 y_2) \ldots \equiv 1 \pmod{p}.$

Diese Faktoren auf der linken Seite sind aber nur eine Umordnung der Zahlen $2, 3, \ldots, p - 2$. Folglich gilt

$2 \cdot 3 \cdots (p - 2) \equiv 1 \pmod{p},$

woraus man $1 \cdot 2 \cdot 3 \cdots (p - 2)(p - 1) \equiv p - 1 \equiv -1 \pmod{p}$ erhält, was nichts anderes als

$(p - 1)! + 1 \equiv 0 \pmod{p}$

bedeutet. Das aber war zu zeigen.

4.3 Die Funktion f(x, y)

Jetzt ist es einfach nachzuweisen, daß die Funktion

$$f(x, y) = \frac{y-1}{2}[|B^2 - 1| - (B^2 - 1)] + 2 \quad \text{mit}$$

$$B = x(y + 1) - (y! + 1)$$

und natürlichen Zahlen x und y nur Primzahlen erzeugt und jede ungerade genau einmal.

Beweis: Für natürliche Zahlen x, y ist B eine ganze Zahl. Folglich ist B^2 eine nichtnegative ganze Zahl. Wir unterscheiden zwei Fälle: (a) $B^2 \geq 1$ und (b) $B^2 = 0$.

(a) $B^2 \geq 1$: Ist $B^2 \geq 1$, so gilt $B^2 - 1 \geq 0$, woraus $|B^2 - 1| = B^2 - 1$ folgt. Daraus erhält man $f(x, y) = 2$, eine Primzahl.

(b) $B^2 = 0$: In diesem Fall gilt

$$f(x, y) = \frac{y-1}{2}[|-1| - (-1)] + 2$$

$$= \frac{y-1}{2}[1 + 1] + 2 = y - 1 + 2 = y + 1.$$

Außerdem ist B Null, woraus $x(y + 1) - (y! + 1) = 0$ oder $x(y + 1) = y! + 1$ folgt. $y + 1$ teilt also $y! + 1$. Nach dem Satz von Wilson ist $y + 1$ eine Primzahl. Daher hat $f(x, y)$ als Werte nur Primzahlen.

Es gilt nun $f(1, 1) = 2$. p bezeichne jetzt eine ungerade Primzahl. Verwendet man sodann $y = p - 1$ und $x = \frac{1}{p}[(p - 1)! + 1]$ (x ist ganz nach dem Satz von Wilson!), so gilt $f(x, y) = p$: Aus der Definition von x und y erhält man $xp = (p - 1)! + 1$ und $p = y + 1$; also $xp = x(y + 1) = (p - 1)! + 1 = y! + 1$, weswegen $B = 0$ und $f(x, y) = y + 1 = p$ gilt. Deshalb nimmt f jede Primzahl als Wert an.

Da f nur die Werte 2 und $y + 1$ annimmt, kann eine ungerade Primzahl p nur in der Form $y + 1$ auftreten. Daher gilt für jedes Paar (x, y) mit $f(x, y) = p$ die Beziehung $y = p - 1$. f hat als Wert die ungerade Zahl $y + 1$ aber nur im Falle $B = 0$. Es muß also noch $x(y + 1) = y! + 1$ oder $x = (y! + 1)/(y + 1)$ gelten. Die einzig mögliche Wahl von y führt zu einem eindeutig bestimmten x, weshalb

$$(x, y) \equiv \left(\frac{(p-1)! + 1}{p}, p - 1\right)$$

das einzige Paar mit f(x, y) = p ist. (Dabei ist x wegen des Satzes von Wilson eine natürliche Zahl.) So erzeugt als f „fast immer" die Zahl 2, jede ungerade Primzahl aber genau einmal.

4.4 Eine bemerkenswerte Kongruenz

Als Kongruenz schreibt sich der Satz von Wilson so: „$(n-1)! + 1 \equiv 0 \pmod{n}$ dann und nur dann, wenn n prim ist". In der Arbeit [2] von M. V. Subbarao (Alberta, Canada) aus dem Jahre 1974 steht: „... es gibt wahrscheinlich keine zweite so einfache Charakterisierung der Primzahlen in Kongruenzform." Eine bemerkenswerte Näherung bekommen wir aber durch

$$n\sigma(n) \equiv 2 \pmod{\varphi(n)},$$

geliefert. Hier bedeutet $\sigma(n)$ die Summe aller (positiven) Teiler von n, und $\varphi(n)$ ist die Eulersche φ-Funktion, die die Anzahl der natürlichen Zahlen $m \leq n$ angibt, die zu n relativ prim sind, d.h. die, für die $(m, n) = 1$ gilt. Diese Kongruenz wird von allen Primzahlen erfüllt und von keinen zusammengesetzten Zahlen ausgenommen, 4, 6 und 22. Ist n prim, so gilt $\sigma(n) = p + 1$ und $\varphi(n) = p - 1$, woraus

$$n\sigma(n) = p(p + 1) = p^2 + p$$
$$= (p^2 - 1) + (p - 1) + 2 \equiv 2 \pmod{p - 1}.$$

folgt. Bald werden wir uns dem netten Beweis von Subbarao für das überraschende Ergebnis zuwenden, daß die einzigen zusammengesetzten Lösungen 4, 6 und 22 sind.

Wie soeben bemerkt, gilt $\varphi(p) = p - 1$ für eine Primzahl p, woraus für primes n die Kongruenz $n - 1 \equiv 0 \pmod{\varphi(n)}$ folgt.

Zur Zeit ist keine zusammengesetzte Lösung dieser Kongruenz bekannt. Man kann aber auch nicht behaupten, daß es keine solchen Lösungen gibt. Eine zweite Kongruenz, deren einzige zusammengesetzte Lösung kleiner als 100.000 die Zahl 4 ist, ist

$$\varphi(n) \cdot t(n) + 2 \equiv 0 \pmod{n},$$

wobei t(n) die Anzahl der (positiven) Teiler von n angibt. Es ist eine einfache Angelegenheit nachzuprüfen, daß diese Kongruenz von jeder Primzahl p erfüllt wird:

$$\varphi(n) \cdot t(n) + 2 = (p - 1) \cdot 2 + 2 = 2p \equiv 0 \pmod{p}.$$

Die Bedingungen an zusammengesetzten Lösungen dieser Kongruenz bilden den Hauptgegenstand der Arbeit von Subbarao. Den Abschluß des Kapitels bildet eine direkte Untersuchung der zusammengesetzten Lösungen von $n\sigma(n) \equiv 2 \pmod{\varphi(n)}$.

Die zusammengesetzte Zahl n habe die Primzahlzerlegung

$$n = 2^a \cdot p_1^{a_1} \cdot p_2^{a_2} \cdots p_r^{a_r}.$$

Zuerst bemerkt Subbarao, daß kein Exponent a_i einer ungeraden Primzahl größer als 1 sein kann. Verwendet man die bekannte Formel ([1], Seite 230)

$$\varphi(n) = 2^{a-1}(p_1^{a_1} - p_1^{a_1-1})(p_2^{a_2} - p_2^{a_2-1}) \cdots (p_r^{a_r} - p_r^{a_r-1}),$$

so erkennt man, daß aus $a_i \geq 2$ folgt, daß p_i ein Teiler von $\varphi(n)$ ist. p_i teilt aber auch n. Aus $\varphi(n) | (n\sigma(n) - 2)$ folgt also $p_i | (n\sigma(n) - 2)$ und daher $p_i | 2$, was für eine ungerade Primzahl eine Unmöglichkeit darstellt. Folglich gilt $a_i = 1$ für alle i und

$$n = 2^a p_1 p_2 \cdots p_r.$$

Ist $a \neq 0$, so folgt mit den selben Schlüssen $2^{a-1} | 2$, was $2^{a-1} = 1$ oder $2^{a-1} = 2$ bedeutet. Für a heißt das a = 0, 1 oder 2.

Ganz allgemein gilt für $n = 2^a p_1 p_2 \cdots p_r$

$$\varphi(n) = 2^{a-1}(p_1 - 1)(p_2 - 1) \cdots (p_r - 1).$$

Ist a = 0, so tritt 2^{a-1} einfach nicht als Faktor auf. Auf jedem Fall ist jeder der r Faktoren $p_i - 1$ gerade, woraus $2^r | \varphi(n)$ folgt. Verwendet man nun eine bekannte Formel für $\sigma(n)$ ([1], Seite 164), so gelangt man zu

$$\sigma(n) = (2^{a+1} - 1)(1 + p_1)(1 + p_2) \cdots (1 + p_r),$$

wobei ebenfalls jeder Faktor $(1 + p_i)$ gerade ist. 2^r ist also auch ein Teiler von $\sigma(n)$. Aus der Beziehung $\varphi(n) | n\sigma(n) - 2$ folgt dann $2^r | 2$ und r = 0 oder r = 1. n ist daher von der Form $n = 2^a$ oder $n = 2^a p_1$. Wegen a = 0, 1 oder 2 erhalten wir als mögliche Werte n = 1, 2, p_1, $2p_1$ und $4p_1$. Weil wir nur zusammengesetzte Zahlen untersuchen, kommt nur n = 4, $2p_1$ und $4p_1$ in Frage.

Für $n = 4p_1$ gilt $\varphi(n) = 2(p_1 - 1)$, worin ein Faktor 4 enthalten ist. Wegen $4 | n$ entnimmt man unserer Kongruenz $\varphi(n) | n\sigma(n) - 2$ als

Folgerung 4|2. Widerspruch! Es ist daher nur n = 4 oder $2p_1$ möglich. Für $p_1 = 2$ gilt $2p_1 = 4$. Die Form $n = 2p_1$ enthält also alle möglichen zusammengesetzten Lösungen.

Für $n = 2p_1$ endlich erhält man

$$n\sigma(n) = 2p_1(1 + 2 + p_1 + 2p_1) = 6p_1(p_1 + 1),$$

und

$$n\sigma(n) - 2 = 6p_1^2 + 6p_1 - 2 = 6(p_1^2 - 1) + 6(p_1 - 1) + 10.$$

Außerdem ist $\varphi(n) = 2^0(p_1 - 1) = p_1 - 1$. Aus der Kongruenz schließt man daher auf $(p_1 - 1)|10$ oder $p_1 - 1 = 1, 2, 5, 10$ und $p_1 = 2, 3, 6$ oder 11. Weil 6 nicht prim ist, kommen als zusammengesetzte Lösungen $n = 2p_1 = 4, 6$ oder 22 in Frage. Eine direkte Rechnung zeigt abschließend, daß all diese drei Zahlen tatsächlich Lösungen sind.

Verbindet man dieses Ergebnis mit einer Idee, die wir schon früher verwendet haben, so erkennt man, daß ein einfaches Primzahlkriterium in der Form

$$n\sigma(n) + \frac{1}{2}[|B^2 - 1| - (B^2 - 1)] \equiv 2 \pmod{\varphi(n)},$$

gegeben ist, wobei $B = (n - 4)(n - 6)(n - 22)$ ist. Der Wert von B ist eine nichtverschwindende ganze Zahl für alle von 4, 6 oder 22 verschiedenen natürlichen Zahlen n. Deswegen gilt $|B^2 - 1| = B^2 - 1$ für $n \neq 4, 6, 22$, weswegen die linke Seite der Kongruenz in diesem Fall $n\sigma(n)$ ist. Weiters gilt für $n \neq 4, 6, 22$

$$n\sigma(n) \equiv 2 \pmod{\varphi(n)}$$

genau dann, wenn n prim ist. Für $n = 4, 6$ oder 22 gilt schließlich $B = 0$, woraus

$$n\sigma(n) + \frac{1}{2}[|B^2 - 1| - (B^2 - 1)] \equiv n\sigma(n) + 1$$
$$\equiv 2 + 1 \equiv 3 \pmod{\varphi(n)},$$

folgt, weswegen die obige Kongruenz in diesen Fällen nicht erfüllt ist.

Übungen zu Kapitel 4

(4.1) Beweise, daß es keine ganze Zahl d mit $1 < d < 41$ gibt, die $f(x) = x^2 + x + 41$ teilt, wobei x eine beliebige ganze Zahl ist.

(4.2) Beweise, daß $f(x) = x^2 + x + 41$ nie eine Quadratzahl ist, ausgenommen den Fall $f(40) = f(-41) = 41^2$

(4.3) Man gebe 40 aufeinanderfolgende ganze Zahlen x an, für die $f(x) = x^2 + x + 41$ nur zusammengesetzte Zahlen liefert.

(4.4) Zeige, daß für Primzahlen p, p_1, p_2, p_3 mit $p = p_1^2 + p_2^2 + p_3^2$ eine der Zahlen p_1, p_2, p_3 die Primzahl 3 ist.

(4.5) Zeige, daß $2^p + 3^p$ für eine Primzahl p nie eine echte Potenz einer natürlichen Zahl ist.

Literaturangaben

[1] W. Sierpinski, Theory of Numbers, Warschau, 1964.
[2] M. V. Subbarao, On two congruences for primality, Pacific J. Math., 52 (1974) 261–268.

5 Zwei kombinatorische Beweise

In diesem Kapitel diskutieren wir zwei Sätze, die in *Mathematische Edelsteine* (Band 1 der Reihe) bewiesen worden sind. Die Darstellung ist aber in beiden Fällen von der dort gegebenen unabhängig.

5.1 Der Satz von Dirac über Hamiltonsche Kreise

Wir beginnen mit einer kurzen Wiederholung der verwendeten grundlegenden Bezeichnungen. Ein Graph ist einfach eine Menge von Ecken und Kanten, wobei jede Kante ein Paar von Ecken miteinander verbindet. In einem einfachen Graphen gibt es keine „Schlingen" (Kanten, deren Eckpunkte zusammenfallen. (Vgl. Bild 22). Der Grad einer Ecke ist die Anzahl der Kanten, die dort zusammentreffen.

1857 zog der irische Mathematiker William Hamilton die Aufmerksamkeit auf Graphen, in denen es Wege und Kreise entlang der Ecken des Graphen gibt, die durch jede Ecke genau einmal hindurchgehen; Bild 23. (In einem Kreis fallen die Endpunkte zusammen und es ergibt sich ein geschlossener Weg.) Trotz der Arbeit eines ganzen Jahrhunderts, ist bis jetzt keine zugleich notwendige und hinreichende Bedingung für einen Graphen bekannt, einen Hamiltonschen Kreis zu

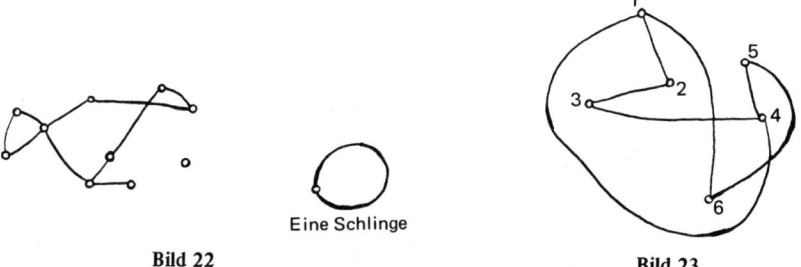

Eine Schlinge

Bild 22   **Bild 23**

enthalten. 1952 bewies G. A. Dirac die folgende hinreichende Bedingung:

> *Ein einfacher Graph mit* n *Ecken* (n $\geq$ 3) *und Eckengrad* $\geq$ n/2 *an allen diesen Ecken enthält einen Hamiltonschen Kreis.*

Der prächtige Beweis dieses Satzes, der 1962 vom ungarischen Wunderkind Louis Pósa im Alter von 15 Jahren gegeben wurde, ist im Kapitel 2 der *Mathematischen Edelsteine* angeführt. Hier betrachten wir den entzückenden Beweis von Donald J. Newman (Yeshiva University, dann AVCO's Research und Advanced Development Division), den dieser 1958 gegeben hat.

Er betrachtet die Ecken als Darstellung von n Leuten; die Existenz einer Kante AB soll bedeuten, daß A und B befreundet sind. Der Satz ist dann äquivalent zur Aussage, daß man die n Leute so um einen runden Tisch anordnen kann, daß dabei jeder zwischen zwei Freunden sitzt. Nimmt man jetzt an, daß eine solche Anordnung unmöglich ist, so muß man das zum Widerspruch führen. Newman nimmt nun anbiedernde Besucher des Lokals Dale Carnegie Course her, Leute, die mit jedermann befreundet sind. Erlaubte Sitzanordnungen sind jetzt viel leichter zu konstruieren. Offensichtlich erhält man eine Anordnung, bei der jeder zwei Freunde als Nachbarn hat, wenn man n „Dale Carnegie"-Typen abwechselnd mit den n ursprünglichen Leuten an den runden Tisch setzt. k sei nun die Minimalanzahl von „Dale Carnegie"-Leuten, die man braucht um eine zulässige Anordnung herzustellen.

In einer zulässigen Anordnung mit k „besonderen" Gästen möge nun der Carnergie-Mann P zwischen A und B sitzen. Klarerweise wäre es verschwenderisch, zwei Carnegie-Leute nebeneinander sitzen zu lassen. Daher stammen A und B aus der ursprünglichen Gruppe. A und B können auch nicht miteinander befreundet sein, da sonst P nicht gebraucht werden würde. Nun wird die Anordnung um den Tisch herum mit

APBX....YA

bezeichnet.

T' sei jemand, der ein Freund von T ist. Wir zeigen, daß in der obigen Anordnung die Kombination A'B' (ein Freund von B nach einem

Freund von A) nicht auftreten kann. Da A kein Freund von A selbst ist, ist AP am Beginn der Darstellung nicht von der Art A'B'. PB kommt auch nicht in Frage, weil B nicht von der Art B' ist. Drittens ist BX nicht von der Art A'B', weil B und A nicht miteinander befreundet sind. Aus dem gleichen Grund kommt auch YA am Ende nicht in Frage. Wenn irgendwo hinter B eine Kombination A'B' aufträte, würde man die Anordnung

APB ... A'B' ... A

erhalten. Kehrt man jetzt die Anordnung der Leute zwischen B und A' um, so hat man mit

APA' ... BB' ... A,

eine Anordnung, bei der wieder jeder zwischen zwei Freunde sitzt. Dabei erkennt man, daß P nicht weiter benötigt wird, weil er zwischen zwei Freunden sitzt. Man würde also nur $k - 1$ „besondere" Gäste benötigen, was ein Widerspruch zur Minimalität von k wäre. Es tritt deshalb die Kombination A'B' in der Anordnung

APB ... A

nicht auf.

Als Folgerung kann nach einem Freund von A nur ein „Nicht-Freund" von B kommen. Weil der Eckengrad in jeder Ecke des ursprünglichen Graphens mindestens $n/2$ ist, hat jeder von den ursprünglich n Leuten mindestens $n/2$ Freunde in dieser Schar. Insgesamt hat A also mindestens $\frac{n}{2} + k$ Freunde unter den insgesamt $n + k$ Leuten. Da jedem A' ein Nicht-B' folgt, gibt es also auch mindestens $\frac{n}{2} + k$ Leute vom Typ Nicht-B'. Es gilt somit

Anzahl der Nicht-B' $\geq \frac{n}{2} + k$

und

Anzahl der B' $\geq \frac{n}{2} + k$

(jeder der ursprünglichen Leute hat mindestens so viele Freunde).

Jeder ist aber entweder vom Typ B' oder vom Typ Nicht-B'. Addiert man die beiden Ungleichungen, so erhält man daher $n + k \geqslant n + 2k$, weil $n + k$ die Gesamtanzahl der betrachteten Leute ist. Das aber ist, wenn nicht $k = 0$ gilt, ein Widerspruch.

5.2 Der kleine Fermatsche Satz (Kapitel 1 in *Mathematische Edelsteine*)

1640 formulierte der große französische Zahlentheoretiker Pierre de Fermat den folgenden Satz:

Ist p eine Primzahl, dann gilt für jede ganze Zahl n, daß $n^p - n$ durch p teilbar ist.

Der Satz umfaßt alle ganzen Zahlen n — positiv, negativ oder Null. 1956 gab S. W. Golomb den folgenden rein kombinatorischen Beweis für den Fall, daß n positiv ist (was ja der wichtigste Fall ist).

Nehmen wir an, wir hätten n Farben und unbegrenzten Vorrat an Perlen jeder dieser Farben. Wir wollen nun Halsketten anfertigen, jede aus p Perlen bestehend. Dazu formen wir zuerst alle möglichen geraden Ketten aus p Perlen und bilden dann daraus eine Halskette, indem wir die Enden aneinanderfügen. Weil wir dabei nur die Anzahl der verschiedenen Halsketten zu bestimmen wünschen, müssen wir genau vorschreiben, wie die Halsketten gebildet werden und wie man sie vergleicht. Die zyklische Anordnung der Perlen dreht sich um, wenn man die Kette beim Zusammenfügen nach unten statt nach oben biegt. Offensichtlich sind zwei Halsketten Duplikate voneinander, wenn eine aus der anderen durch Verschiebung der Perlen hervorgeht. (Vgl. Bild 24). Wir müssen aber noch entscheiden, ob man zwei Halsketten als gleich ansieht, wenn man eine zuerst umdrehen muß, bevor man sie durch Verschieben der Perlen in die andere über-

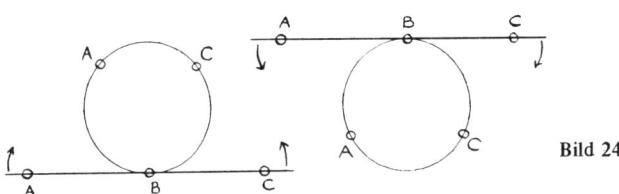

Bild 24

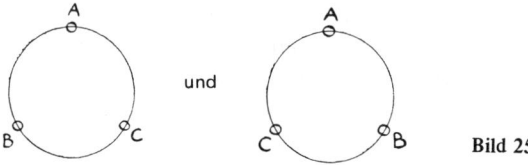

Bild 25

führen kann. Wir setzen fest, daß dieses Umdrehen nicht erlaubt ist. Die beiden Halsketten in Bild 25 sind daher keine Duplikate voneinander. Es ist also zu unterscheiden, wie man die offenen Ketten zu Halsketten zusammenfügt. Wir bestehen darauf, daß nur eine Art des Zusammenfügens (sagen wir von unten nach oben) erlaubt ist.

Es gibt n verschiedene Wahlmöglichkeiten für die Farbe jeder der p Perlen der Kette. Folglich gibt es insgesamt

$$n \cdot n \ldots n = n^p$$

verschiedene (offene) Ketten. Verschieben der Perlen auf einer der Halsketten mit lauter Perlen einer Farbe erzeugt keine neuen Möglichkeiten. Duplikate gibt es also nur bei den Halsketten, die aus den $n^p - n$ Ketten mit Perlen mehrerer Farben entstehen. Wir werden zeigen, daß — den Fall einfarbiger Ketten ausgeschlossen — es genau p Kopien jeder Halskette gibt. Die Anzahl der verschiedenen Halsketten ist also $(n^p - n)/p$. Weil das eine ganze Zahl ist, ist p ein Teiler von $n^p - n$. Wir müssen eine p-1-Beziehung zwischen den offenen Ketten und den Halsketten herstellen. Dazu fangen wir mit einer Halskette N an und zeigen, daß p *verschiedene* offene Ketten entstehen, wenn man die Halskette an den p Zwischenräumen zwischen den Perlen durchschneidet. (Vgl. Bild 26.) Offensichtlich entstehen bei diesen p Schnitten p offene Ketten $s_1, s_2, \ldots, s_p$. Die Schwierigkeit liegt im Nachweis, das diese alle voneinander verschieden sind. Nehmen wir an, es seien zwei Ketten s_i und s_j gleich.

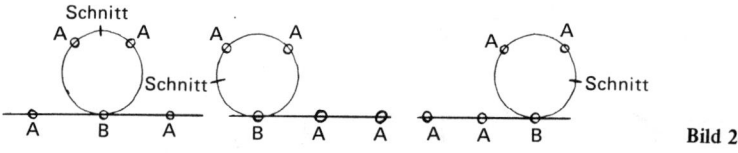

Bild 26

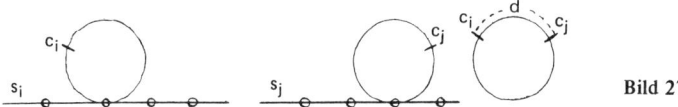

Bild 27

Die Anzahl der Perlen zwischen den Schnitten C_i und C_j, die den Ketten s_i und s_j entsprechen sollen, sei d (vgl. Bild 27). Wenn man zwei Kopien von N deckungsgleich übereinanderlegt und dann die eine um d Perlen verschiebt, so daß C_i und C_j nun übereinanderliegen, wenn man weiterhin einen Schnitt durch C_i und C_j führt, dann entstehen die identischen Ketten s_i und s_j. Die Verschiebung um d Perlen kann also die Farben überhaupt nicht verändert haben, weil die Perlen die oben liegen noch immer den darunterliegenden genau entsprechen. In N muß daher jede Perle die gleiche Farbe haben wie die, die um d Perlen weiter vorne (hinten) liegt. Im Falle d = 1 haben alle Perlen die gleiche Farbe. Diese Halsketten haben wir aber schon ausgeschlossen. Es muß also d > 1 gelten. Weil d die Anzahl der Perlen zwischen zwei verschiedenen Schnitten ist, gilt weiters d < p.

Eine vollständige Verschiebung um p Perlen führt N in sich über. Weil p prim ist, und wegen 1 < d < p, ist d kein Teiler von p. Sei nun p = qd + r mit 0 < r < d. (Vgl. Bild 28.) q Verschiebungen um je d Perlen lassen daher einen Rest von r Perlen. Eine Verschiebung um diese r Perlen schließt dann eine vollständige Umdrehung aller Perlen ab. Diese kleinere Verschiebung um r Perlen führt N auch in sich über. Daher haben die um r Perlen voneinander entfernten Perlen die selbe Farbe. r muß größer als 1 sein, da sonst alle Perlen gleichfarbig

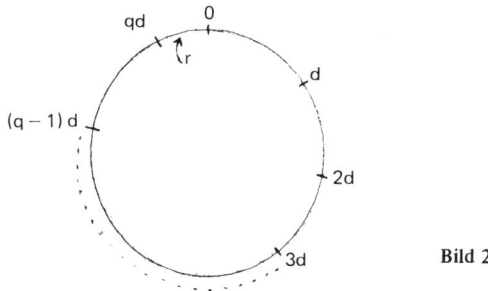

Bild 28

wären. Es gilt also $0 < r < d < p$. Durch ähnliche Überlegungen zeigt man die Existenz einer kleineren Zahl $r_1 > 1$ mit der gleichen Eigenschaft ($1 < r_1 < r < p$). Wiederholte Anwendung dieser Überlegung führt zur Existenz einer unendlichen Anzahl positiver ganzer Zahlen r_i mit $1 < r_i < p$. Das ist klarerweise unmöglich. Daraus folgt der Satz.

(Weil n^p und n beide gerade oder beide ungerade sind, ist $n^p - n$ sogar durch 2 p teilbar, wenn p eine ungerade Primzahl ist.)

Übungen zu Kapitel 5

(5.1) Was ist die größtmögliche Anzahl spitzer Winkel in einem konvexen n-Eck?

(5.2) Beweise, daß jede Primzahl $p > 5$ eine natürliche Zahl teilt, deren Dezimaldarstellung aus einer Kette von Ziffern 1 besteht.

(5.3) Zeige, daß in einem einfachen Polyeder, in dem sich in keiner Ecke genau drei Kanten treffen, mindestens acht Begrenzungsflächen Dreiecke sind.

(5.4) Zeige, daß die Gesamtanzahl aller Anordnungen von je r Objekten, die man aus n verschiedenen Objekten auswählt, wobei r die Zahlen zwischen 0 und n durchläuft, durch [n! e] gegeben ist. ([x] die größte ganze Zahl, die nicht größer als x ist.)

(5.5) Einem Kreis wird ein regelmäßiges (2 n + 1)-Eck eingeschrieben. Wie hoch ist die Wahrscheinlichkeit dafür, daß ein aus drei zufällig ausgewählten Ecken des (2 n + 1)-Ecks gebildetes Dreieck den Mittelpunkt des Kreises enthält? (Dies ist Problem # 3 der Second USA Mathematical Olympiad, 1973.)

Literaturangaben

[1] D. J. Newman, A problem in graph theory, Amer. Math. Monthly, 65 (1958) 611.
[2] S. W. Colomb, Combinatorial proof of Fermat's "Little" Theorem, Amer. Math. Monthly, 63 (1956) 718.

6 Bizentrische Polygone, Steinersche Ketten und das Hexlet

6.1 Bizentrische Polygone

Jedes Dreieck besitzt einen Inkreis $I(r)$ ($I(r)$ bedeutet einen Kreis mit Mittelpunkt I und Radius r) und einem Umkreis $O(R)$. In der Umkehrung drängt sich die Frage auf, wann ein Paar ineinander liegender Kreise In- und Umkreis eines Dreiecks sind. (Vgl. Bild 29.) Diese Frage wurde vom großen Mathematiker Euler (1707–1783) gelöst. Bezeichnet man mit s den Abstand zwischen den Mittelpunkten I und O, dann fand er, daß $R^2 = s^2 + 2Rr$ genau dann gilt, wenn $I(r)$ und $O(R)$ In- und Umkreis eines Dreiecks darstellen. Nimmt man zwei Kreise, die diese Bedingungen erfüllen, so ist es immer noch schwierig, das Dreieck selbst zu bestimmen. Die Länge des in $O(R)$ liegenden Tangentenabschnittes einer Tangente an $I(r)$ hängt von der Lage des Berührungspunktes ab. Um das Dreieck zu finden, müssen wir einen besonderen Punkt A auf dem Kreis $O(R)$ finden, von dem aus sich drei aufeinanderfolgende Tangentenabschnitte (AB, BC, CA) an den inneren Kreis zu einem Dreieck schließen. Überraschenderweise kann man jeden Punkt A als Ausgangspunkt verwenden! Das bedeutet, daß – wenn für zwei Kreise sich drei Tangentenabschnitte in der soeben beschriebenen Art für einen Punkt A zu einem Kreis schließen – dann jeder Punkt auf dem äußeren Kreis als An-

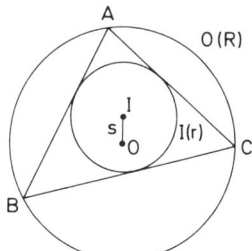

Bild 29

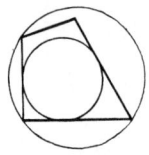 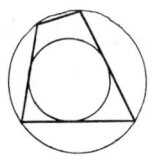 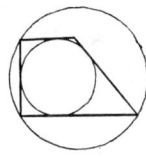

Bild 30

fangspunkt angenommen werden kann. (Die Beweise zu diesen Aussagen finden sich im Anhang.)

Dreiecke verhalten sich ziemlich ordentlich, weil sie immer In- und Umkreis besitzen. Vierecke können beide Kreise, einen davon oder keinen haben (Bild 30). Polygone die sowohl In- als auch Umkreis haben, nennt man *bizentrisch*. 1798 charakterisierte Nicholaus Fuss (1755—1826), ein Schüler und Freund von Euler, die bizentrischen Polygone mit 4, 5, 6, 7 und 8 Seiten. Für Vierecke müssen die Kreise die Bedingung

$$2r^2(R^2 - s^2) = (R^2 - s^2)^2 - 4r^2s^2$$

erfüllen. Das interessante Ergebnis dabei ist wieder, daß — wenn sich für einen Ausgangspunkt am äußeren Kreis 4 aufeinanderfolgende Tangentenabschnitte an den inneren Kreis zu einem Viereck schließen — dies dann für jeden Punkt außen der Fall ist. Jean-Victor Poncelet (1788—1867), ein genialer französischer Mathematiker, der die Fundamente der projektiven Geometrie während eines Aufenthaltes in einem russischen Kriegsgefangenenlager — er war einer von Napoleons Soldaten im russischen Feldzug — legte, zeigte, daß das gleiche Ergebnis für Polygone mit einer beliebigen Seitenzahl richtig ist. Genauer gesagt bewies Poncelet das bemerkenswerte Ergebnis, daß dies auch für zwei beliebige Kegelabschnitte — nicht nur für ein Paar von Kreisen! — gilt. (Vgl. Bild 31.)

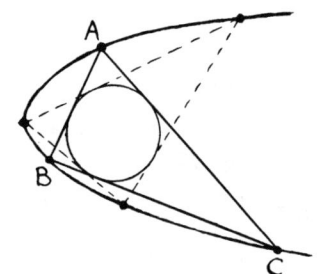

Bild 31

6.2 Steinersche Ketten.

Jetzt sei ein Kreis A im Inneren eines Kreises B gegeben; C sei ein Kreis, der diese beiden Kreise berührt. D, E,... bezeichne Kettenglieder in einer Kreiskette, so daß jedes Glied A, B und die unmittelbar benachbarten Kreise der Kette berührt (Bild 32). Eine solche Folge von Kreisen heißt Steinersche Kette zu Ehren des hervorragenden Schweizer Geometers Jacob Steiner (1796–1867). Es kann nun der Fall auftreten, daß eine Steinersche Kette einen vollständigen Ring um A bildet. Auch das Gegenteil ist möglich. Natürlicherweise wird man annehmen, daß das von der Lage des ersten Kreises C abhängt. Aber auch hier gilt, daß — wenn eine Steinersche Kette sich für einen Anfangskreis schließt — dieses Schließen von der Lage des Anfangskreises unabhängig ist. Ein eleganter Beweis dafür kann mit Kreisspiegelungen geführt werden. Man transformiert die Figur in eine, bei der A und B in konzentrische Kreise A' und B' übergehen, was immer möglich ist (Bild 33). Wenn sich nun die Bilder der Kette zu einem Ring schließen, ist es offensichtlich egal, wo man die Kette beginnt. Daraus erhält man die Behauptung, weil sich die Bildkette genau dann schließt, wenn sich die ursprüngliche Kette schließt.

Außerdem wird die Kette n-mal den Kreisring durchlaufen, wenn dies die Bildkette tut. Es gibt aber Ketten, die sich nie schließen.

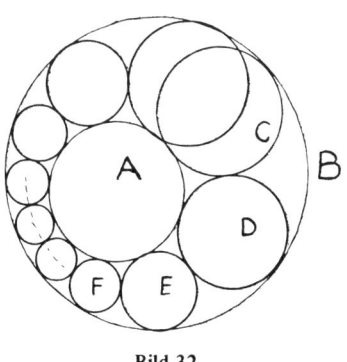 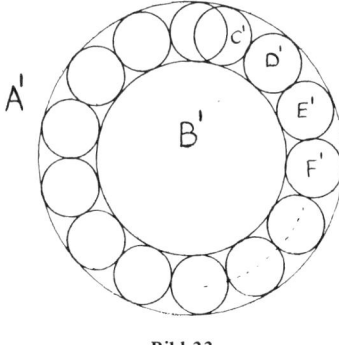

Bild 32 **Bild 33**

6.3 Das Hexlet

1936 betrachtete Frederick Soddy (1877—1956), ein Chemieprofessor in Oxford, der bekannt ist für seine Pionierarbeit über Isotope und einen originellen Zugang zur Volkswirtschaftslehre, ein dreidimensionales Analogon einer Steinerschen Kette.

Er fing mit drei einander paarweise berührenden Kugeln A, B, C an, was zugegebenermaßen eine ziemlich spezielle Konfiguration darstellt. Diese bilden einen Ring von Kugeln mit einem Loch in der Mitte. Sodann konstruiert man eine Kugelkette D, E, ..., so daß jede Kugel A, B und die Nachbarn in der Kette berührt. Die Kette schlängelt sich durch das Loch im A-B-C-Ring und schließt sich damit zusammen. Wegen unseren Erfahrungen mit den Steinerschen Ketten vermuten wir, daß dann, *wenn* die Kugelkette sich für eine bestimmte Lage der ersten Kugel zu einer Halskette schließt, die Lage der ersten Kugel für das Schließen der Kette überhaupt keine Rolle spielt. Überraschend ist aber, daß es überhaupt kein *wenn* gibt — für jede Lage von drei Kugeln A, B und C, die einander paarweise berühren, schließt sich jede Kette zu einer Halskette unabhängig von der Lage der ersten Kugel. Und — zu unserem Erstaunen — gibt es in jeder Kette genau sechs Kugeln! Daher der Name „Hexlet".

Der Grund dafür kann wieder durch Spiegelungen erkannt werden, diesmal „Kugel"-Spiegelungen. Spiegelt man die Figur an einer Kugel, die als Mittelpunkt den Berührungspunkt von A und B hat, so bilden dabei die Bilder A' und B' ein Paar paralleler Ebenen, die als Tangentialebenen die Kugel C', das Bild von C, berühren. Die Kugeln der Kette gehen in Kugeln über, die zwischen A' und B' liegen und diese beiden Ebenen berühren. Sie sind daher alle von der Größe der Kugel C'. Weil weiterhin jede dieser Kugeln auch C' berührt, ist die Bildkette eine Kette gleichgroßer Kugeln rund um C'. Jede Kugel C' wird aber von einem Ring von genau sechs Kugeln der Größe von C' eingeschlossen (man denke an sechs Golfbälle auf einem Tisch rund um einen in ihrer Mitte).

H. S. M. Coxeter, der ausgezeichnete kanadische Geometer, berichtete darüber in einer Arbeit mit dem Titel „Interlocking Rings of Spheres", Scripta Mathematica, 1952, Vol. 18, p. 113. Er behandelt einen allgemeinen Satz, der ohne Beweis von Jacob Steiner angegeben wurde und der 1938 von Louis Kollros bewiesen wurde.

Zu jedem Ring aus p *Kugeln, gibt es einen Ring von* q *Kugeln, wobei jede Kugel dieses Ringes jede der* p *Kugeln berührt und wobei* $(1/p) + (1/q) = 1/2$ *gilt.*

Soddys Hexlet ist der Spezialfall p = 3. (Daraus folgt $(1/3) + (1/q) = 1/2$ oder q = 6.)

Anhang

1. *Es ist* $R^2 = s^2 + 2Rs$ *zu beweisen*.

Die Strecken CI und OI ergeben verlängert als Schnittpunkte mit O(R) die Punkte D, E und F (Bild 34). Folglich erhält man

$$DI \cdot IC = EI \cdot IF$$
$$= (R - s)(R + s)$$
$$= R^2 - s^2,$$

oder

$$R^2 = s^2 + DI \cdot IC.$$

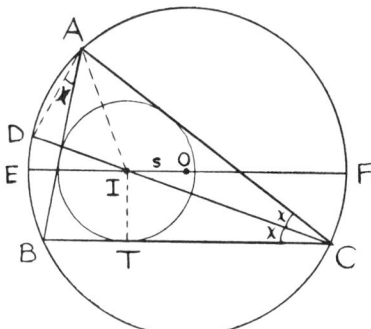

Bild 34

Es bleibt noch $DI \cdot IC = 2Rr$ zu zeigen.

Es stellt sich $\angle DAI = \angle DIA$ heraus; jeder dieser Winkel ist $1/2 \angle C + 1/2 \angle A$, weswegen DAI ein gleichschenkliges Dreieck ist. Außerdem gilt also auch DA = DI. O(R) ist nicht nur der Umkreis von ABC sondern auch vom Dreieck ADC. Aus der Formel für den Umkreisradius erhalten wir

$$R = \frac{AD}{2 \sin \frac{C}{2}}, \quad \text{oder} \quad AD = DI = 2R \sin \frac{C}{2}.$$

Dem rechtwinkligen Dreieck ITC entnimmt man $r/IC = \sin(C/2)$ oder $IC = r/\sin(C/2)$.

Folglich gilt

$$DI \cdot IC = 2R \sin \frac{C}{2} \cdot \frac{r}{\sin \frac{C}{2}} = 2Rr,$$

was wir zeigen wollten.

2. *Es ist zu beweisen, daß jeder Punkt aus O(R) als Anfangspunkt ein Dreieck ergibt, wenn das für nur einen Punkt C auf O(R) der Fall ist.*

Wir greifen einen beliebigen Punkt C auf O(R) heraus und ziehen Tangenten CA und CB (Bild 35) an I(r). Wir müssen zeigen, daß die Seite AB dann ebenfalls eine Tangente an I(r) ist. Die Situation ist fast die gleiche wie beim Beweis des Eulerschen Ergebnisses. Weil CA und CB Tangenten sind, halbiert CI den Winkel in C. Sei IT normal auf CB, dann gilt wieder

$$IC = \frac{r}{\sin \frac{C}{2}}.$$

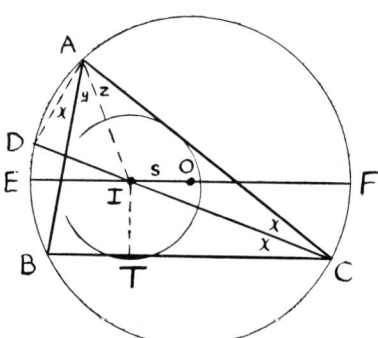

Bild 35

O(R) ist ebenfalls der Umkreis des Dreiecks ADC, woraus

$$AD = 2R \sin \frac{C}{2} \quad \text{folgt.}$$

Wie vorher haben wir $DI \cdot IC = EI \cdot IF = (R-s)(R+s) = R^2 - s^2$. Es gilt $R^2 - s^2 = 2Rr$ (weil für zumindest einen Anfangspunkt sich ein Dreieck schließt, folgt das aus 1).

Folglich erhalten wir DI · IC = 2Rr und

$$DI \cdot \frac{r}{\sin \frac{C}{2}} = 2Rr, \quad \text{oder} \quad DI = 2R \sin \frac{C}{2}.$$

Das bedeutet DI = AD, weswegen die Winkel ∢ DAI und ∢ DIA übereinstimmen. Bezugnehmend auf Bild 35 erkennt man DIA = x + y. Der Winkel ∢ DIA ist ein äußerer Winkel im Dreieck AIC, folglich ist DIA = x + z. Daraus ergibt sich y = z; AI ist daher eine Winkelhalbierende des Winkels in A. Als Folge ist I der Inkreismittelpunkt des Dreiecks ABC und I(IT) der Inkreis. AB ist also eine Tangente an I(r).

Literaturangaben

[1] H. Dorrie, 100 Great Problems of Elementary Mathematics, Dover, New York, 1965.
[2] C. S. Ogilvy, Excursions in Geometry, Oxford University Press, New York, 1969.

7 Ein Satz von Gabriel Lamé

Der Euklidische Algorithmus zum Bestimmen des größten gemeinsamen Teilers zweier Zahlen wird in vielen elementaren Lehrbüchern behandelt. Angewendet auf 154 und 56 liefert er 14 als Ergebnis:
$$154 = 2 \cdot 56 + 42$$
$$56 = 1 \cdot 42 + 14$$
$$42 = 3 \cdot 14.$$

Ich erinnere mich daran, vor Jahren irgendwo gelesen zu haben, daß der französische Mathematiker Gabriel Lamé 1844 bewiesen hat, daß die Anzahl der Schritte (Divisionen) bei einer Anwendung des Algorithmus nie größer als das Fünffache der Stellenzahl der kleineren der beiden Zahlen ist. Nachdem ich mich lange Zeit immer wieder über dieses Ergebnis gewundert hatte, war ich kürzlich erfreut, einen schönen Beweis dafür in American Mathematical Monthly, Volume 31, 1924, p. 443 zu finden, der von H. Grossman stammt. Danach entdeckte ich den gleichen Beweis auch im hervorrangendem Buch *Theory of Numbers* [2] von Sierpinski.

Es sei a_n die kleinere Zahl im Paar (a_{n+1}, a_n); bei Anwendung des Euklidischen Algorithmus mögen im weiteren genau n Schritte $(n > 1)$ nötig sein. Wir richten die Aufmerksamkeit nun auf den kleinstmöglichen Wert von a_n (bei festem n). Die n Schritte im Algorithmus seien

$$a_{n+1} = m_n \cdot a_n + a_{n-1}, \qquad (0 < a_{n-1} < a_n)$$
$$a_n = m_{n-1} \cdot a_{n-1} + a_{n-2}, \qquad (0 < a_{n-2} < a_{n-1})$$
$$\dotsb\dotsb\dotsb\dotsb\dotsb\dotsb\dotsb\dotsb\dotsb\dotsb\dotsb\dotsb$$
$$a_4 = m_3 \cdot a_3 + a_2, \qquad (0 < a_2 < a_3)$$
$$a_3 = m_2 \cdot a_2 + a_1, \qquad (0 < a_1 < a_2)$$
$$a_2 = m_1 \cdot a_1.$$

Weil alle auftretenden Zahlen natürliche Zahlen sind, ist jede mindestens so groß wie 1. m_1 ist sogar größer als 1, da sonst die daraus entstehende Gleichung $a_2 = a_1$ im Widerspruch zur Bedingung $0 < a_1 < a_2$ eine Zeile höher stünde. Das kleinstmögliche m_1 ist also 2. Folglich erhalten wir — wenn wir die Kette des Algorithmus von unten nach oben lesen —

$a_1 \geqslant 1$
$a_2 \geqslant 2 \cdot 1 = 2,$
$a_3 \geqslant 1 \cdot 2 + 1 = 3,$
$a_4 \geqslant 1 \cdot 3 + 2 = 5,$
$a_5 \geqslant 1 \cdot 5 + 3 = 8,$

Nimmt man für $i > 1$ das kleinstmögliche m_i ($= 1$), so gilt also allgemein $a_n \geqslant f_n$, wobei f_n das n-te Glied in der Fibonacci-Folge 1, 2, 3, 5, 8, 13, 21, ... ist, die durch $f_1 = 1$, $f_2 = 2$ und für $n > 2$ durch $f_n = f_{n-1} + f_n$ definiert ist.

Jetzt ist es einfach zu zeigen, daß in dieser Folge $f_{n+5} > 10 \cdot f_n$ gilt. Durch einfaches Nachprüfen erkennt man die Gültigkeit dieser Ungleichung für $n = 1, 2$ und 3. Für $n > 3$ erhält man

$$f_n = f_{n-1} + f_{n-2} = 2f_{n-2} + f_{n-3},$$

und
$$\begin{aligned}
f_{n+5} &= f_{n+4} + f_{n+3} = 2f_{n+3} + f_{n+2} \\
&= 3f_{n+2} + 2f_{n+1} = 5f_{n+1} + 3f_n \\
&= 8f_n + 5f_{n-1} = 13f_{n-1} + 8f_{n-2} \\
&= 21f_{n-2} + 10f_{n-3} \\
&> 20f_{n-2} + 10f_{n-3} \\
&= 10f_n.
\end{aligned}$$

f_{n+5} hat also mindestens eine Stelle mehr als f_n.

Der Blick auf die Folge zeigt, daß für $0 < n \leqslant 5$ das Folgenglied f_n einstellig ist. Aus dem soeben Gesagten folgt daher, daß

für $5 < n \leqslant 2 \cdot 5$	f_n mindestens	2 Stellen,
für $2 \cdot 5 < n \leqslant 3 \cdot 5$	f_n mindestens	3 Stellen,
für $3 \cdot 5 < n \leqslant 4 \cdot 5$	f_n mindestens	4 Stellen,
für $k \cdot 5 < n \leqslant (k+1) \cdot 5$	f_n mindestens $k+1$ Stellen hat,

usw.

Jetzt sei n eine beliebige natürliche Zahl. Mit einer natürlichen Zahl k gilt dann sicher $k \cdot 5 < n \leq (k+1) \cdot 5$. f_n hat also mindestens $k+1$ Stellen. Wegen $a_n \geq f_n$ hat auch a_n mindestens so viele Stellen. Das Fünffache der Stellenzahl von a_n ist folglich mindestens so groß wie $5 \cdot (k+1)$. Daraus schließlich erhält man $n \leq (k+1) \cdot 5 \leq 5$. (Stellenzahl von a_n), was die Aussage des Satzes ist.

Wir schließen mit der Bemerkung, daß die Zahl 5 im Satz die „bestmögliche" ist in dem Sinne, daß der Satz falsch ist, wenn 5 durch eine kleinere natürliche Zahl ersetzt wird. Vgl. dazu Übung (7.5).

Übungen zu Kapitel 7

Außer Übung (7.5) trägt keine der anderen zum speziellen Thema des Kapitels bei; diese sind aber dennoch nette, elementare Aufgaben aus dem Bereich der Zahlentheorie.

(7.1) Welche ist die kleinste Zahl, bestehend aus lauter Einsen, die durch die Zahl 33 ... 3 (100 Dreier) teilbar ist?

(7.2) Sind $d_1 = 1$, d_2, ..., $d_k = n$ die positiven Teiler der natürlichen Zahl n, so zeige $(d_1 d_2 \cdots d_k)^2 = n^k$.

(7.3) (a) Man finde drei voneinander verschiedene natürliche Zahlen, die paarweise teilerfremd zueinander sind, so daß die Summe von je zweien durch die dritte teilbar ist.

(b) Man finde drei verschiedene natürliche Zahlen, so daß das Produkt von je zweien bei Division durch die dritte den Rest 1 läßt.

(7.4) Man finde alle Lösungen von $a^3 - b^3 - c^3 = 3abc$, $a^2 = 2(b+c)$, bestehend aus natürlichen Zahlen a, b und c.

(7.5) Man beweise, daß 5 im Satz vom Lamé „bestmöglich" ist.

Literaturangaben

[1] Uspensky and Heaslett, Elementary Number Theory, McGraw-Hill, New York, 1939, p. 43.
[2] W. Sierpinski, Theory of Numbers, Warschau (1964) 21–22.

8 Packungsprobleme

Zusätzlich zu Bepackungen dreidimensionaler Schachteln mit starren Blöcken werden wir Überdeckungen zweidimensionaler Gebiete mit ebenen Figuren betrachten. Überraschenderweise gibt es sogar einen schönen Satz, der die Überdeckung einer Geraden durch Intervalle betrifft.

8.1 Packungsprobleme in der Ebene

(a) *Polyominos.* Einer der Pioniere auf diesem Gebiet ist Solomon Golomb (University of Southern California). 1953 machte er als Student in Havard auf ebene Überdeckungen durch „Polynominos" aufmerksam, Figuren, die man durch Aneinanderfügen von Einheitsquadraten an den Begrenzungsseiten auf „turmartige" Weise erhält (ein Turm im Schachspiel muß alle Quadrate der Figur abfahren können). Es gibt nicht viele Möglichkeiten 2, 3 oder 4 Quadrate aneinanderzufügen; man erhält nur einen Domino, zwei Trominos und fünf Tetrominos (vgl. Bild 36). Weiterhin gibt es 12 Pentominos (Bild 37) und 35 Hexominos; keine allgemeine Formel ist aber bekannt für die Zahl der „n-ominos", Figuren, die man aus n Quadraten bilden kann. Für große n($\geqslant 7$) dürfen in den Figuren auch keine Löcher auftreten.

(i) Weil Schach- und Damespiel allgemein bekannt sind, ist das zugehörige 8 × 8-Spielbrett eine vielbenützte zweidimensionale

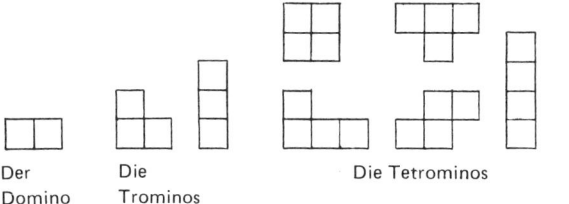

Der Domino   Die Trominos   Die Tetrominos   Bild 36

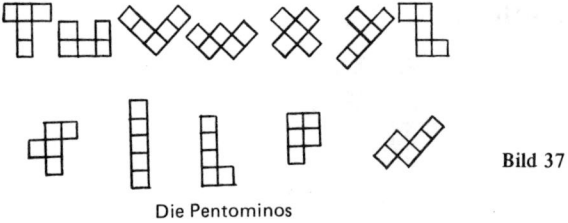

Bild 37

Die Pentominos

„Schachtel" für Polyominopackungen. Es ist eine einfache Sache, ein Schachbrett mit 32 Dominos zu überdecken. Eine kleine Überraschung ist es dann zu hören, daß es unmöglich ist, 31 Dominos auf ein Schachbrett zu packen, von dem zwei einander gegenüberliegende Ecken entfernt worden sind (vgl. Bild 38). Man kann das sehr schnell einsehen, wenn man die Färbung des Schachbrettes ins Kalkül zieht. Jeder Domino überdeckt je ein schwarzes und ein weißes Quadrat, weil er ja auf zwei benachbarten Feldern liegen muß. Deshalb muß ein Gebiet, das von einer bestimmten Anzahl Dominos überdeckt wird, so viele weiße wie schwarze Felder haben. Weil einander gegenüberliegende Ecken die gleiche Farbe haben, erfüllt das um diese beiden Ecken verminderte Brett diese Bedingung nicht. Deshalb gibt es keine Überdeckung durch Dominos. Wie wir noch sehen werden, hängt die Lösung vieler Packungsprobleme — in zwei wie auch in drei Dimensionen — von einem geeigneten Färbungsschema ab.

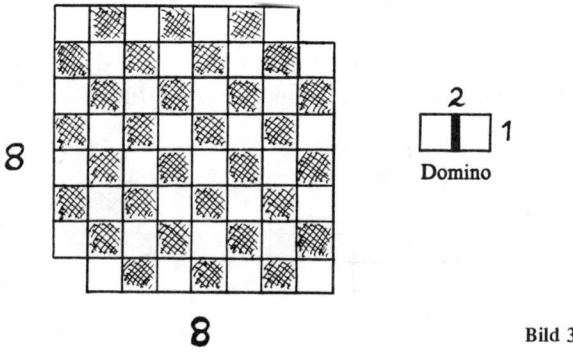

Bild 38

Offensichtlich kann der Teil eines Schachbrettes, der aus dem vollen durch Wegnahme einer Anzahl Felder der gleichen Farbe entsteht, nicht von Dominos überdeckt werden. Was aber geschieht, wenn wir je ein Feld jeder Farbe vom vollen Brett entfernen? Kann jetzt das Brett durch 31 Dominos überdeckt werden? Ein schöner Beweis dafür, daß das tatsächlich immer möglich ist, stammt von Ralph Gomory, einem Mathematiker bei IBM. Er zerteilt das Brett durch zwei „Gabeln", wie in Bild 39 gezeigt wird. Dadurch erhält man eine zyklische Anordnung aller Felder, die man immer wieder durchlaufen kann. Benachbarte Felder in dieser Anordnung sind auch auf dem Brett benachbart. Daher wechseln in der Anordnung weiße und schwarze Felder einander ab. Zwischen zwei Feldern A und B verschiedener Farbe liegt also eine gerade Anzahl von Quadraten. Zwischen ein entferntes schwarzes Feld A und ein entferntes weißes Feld B paßt also eine gewisse ganze Zahl von Dominos. Das einzige Problem sind die Ecken der Anordnung. Aber auch hier gibt es keine Schwierigkeiten, weil man die Dominos quer oder der Länge nach auf das Brett legen kann. Durch Parkettierung der beiden Wege von A nach B erhält man daher eine Überdeckung des reduzierten Brettes.

(ii) Jetzt wenden wir uns zwei Problemen zu, die von Golomb in seiner Arbeit "Checker Boards and Polyominoes" (American Mathematical Monthly, Volume 61, 1954, pp. 675–682) behandelt

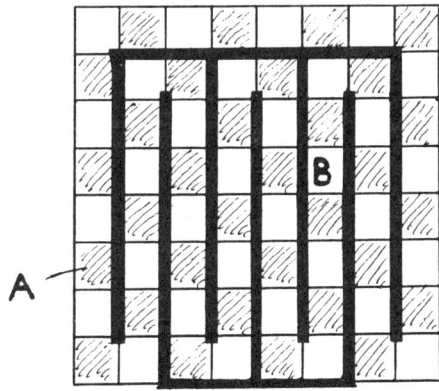

Bild 39

wurden. 1965 veröffentlichte Golomb das Buch *Polyominoes* [6], das eine Schatztruhe an Material zu diesem Thema darstellt.

Da jeder Tromino eine Fläche von drei Einheiten hat, haben auf dem Schachbrett 21 Trominos Platz, und ein Quadrat bleibt übrig. Man kann ganz leicht einsehen, daß man ein Schachbrett mit 21 L-förmigen Trominos und einem Monomino überdecken kann. Es ist sogar egal, wo der Monomino plaziert wird (vgl. Bild 40). Offensichtlich muß er in einem Viertel des Brettes und dort wieder in einem Viertel liegen. Ein L-Tromino vervollständigt dann ein Sechzehntel des Brettes, auf dem der Monomino liegt. Einen zweiten kann man so legen, daß er ein Quadrat in jedem der übrigen drei Sechzehntel des Viertel hat, in dem der Monomino plaziert worden ist. Jedes dieser Sechzehntel kann man also ebenfalls durch einen L-Tromino auffüllen. Nun legen wir den nächsten Tromino so an das vollständig gefüllte Viertel, daß in jedem der drei weiteren Viertel ein Quadrat dieses Steines liegt. Mit diesen kann man dann so wie mit dem ersten Viertel vorgehen.

Ein ganz anderes Problem ist es, ein Schachbrett mit 21 geraden Trominos und einem Monomino zu überdecken. Golombs Rezept dafür ist eine Färbung des Brettes in drei Farben — rot, weiß und blau —, wobei das Ausgangsmuster D (Bild 41) der Länge und der Breite nach immer wieder aufgelegt wird (und überhängende Teile unberücksichtigt bleiben). Die wichtige Eigenschaft dieser Anordnung ist, daß, wo auch immer der gerade Tromino hingelegt wird, er

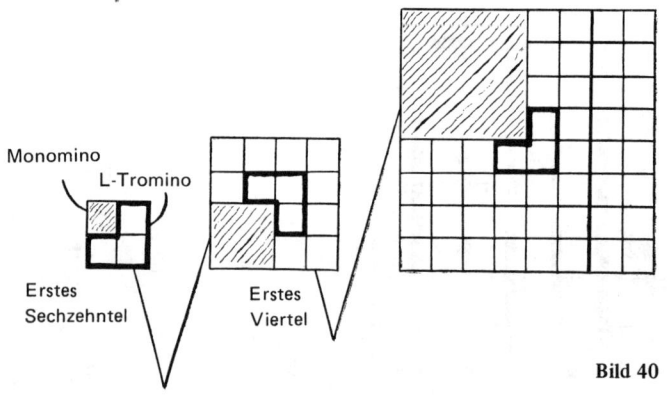

Bild 40

D:

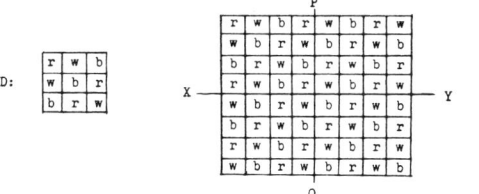

Bild 41

je ein Quadrat jeder Farbe bedeckt. Das stimmt sicher dann, wenn die Lage des Trominos mit einer Zeile oder Spalte einer Kopie von D zur Deckung kommt. Wenn der Tromino auf zwei Kopien von D trifft, überdeckt er in einer Kopie genau die Farben, die er in der zweiten nicht überdeckt. Deshalb überdecken 21 Trominos genau 21 Felder jeder Farbe. Durch Abzählen erkennt man, daß es nur 21 rote und 21 blaue Felder gibt. Die Trominos überdecken also alle roten und blauen und 21 der insgesamt 22 weißen Felder. Dann muß der Monomino auf einem weißen Feld liegen.

Versuchen wir für den Monomino das weiße Feld, das durch das zweite Quadrat in der ersten Zeile in Bild 42 gegeben ist. Könnte man jetzt darum herum 21 gerade Trominos legen, so würde man durch Spiegelung der Anordnung an der Mittellinie XY eine Überdeckung erhalten, bei der der Monomino auf dem zweiten Quadrat der letzten Zeile liegt. Das aber ist ein blaues Feld, von dem wir wissen, daß dort der Monomino nicht liegen kann. Es gibt daher keine gewünschte Überdeckung, bei der der Monomino das zweite Quadrat der ersten Zeile ausfüllt.

Durch das gleiche Argument wird jedes weiße Feld für den Monomino ausgeschlossen, das nicht bezüglich XY zu einem anderen weißen Feld symmetrisch liegt. Außerdem muß natürlich ein mögliches weißes Feld auch bezüglich PQ, der zweiten Mittellinie, zu einem zweiten weißen Feld symmetrisch liegen. Folglich muß bei

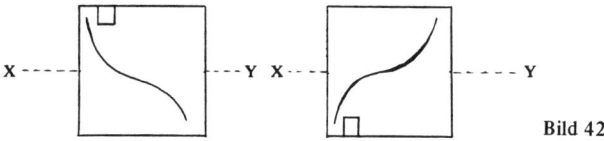

Bild 42

einer Überdeckung mit geraden Trominos der Monomino auf dem dritten Quadrat der dritten Spalte (oder auf einem dazu bezüglich XY oder PQ äquivalenten) liegen, wohingegen bei Überdeckung durch L-Trominos die Lage des Monominos egal war. Mit diesen Vorbereitungen kann man jetzt ganz leicht wirklich eine Überdeckung finden (vgl. Bild 43).

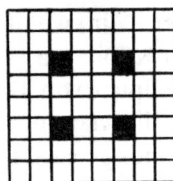 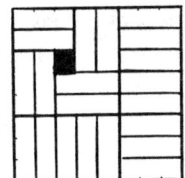

Bild 43

(iii) Indem er ein anderes wohlüberlegtes Färbungsschema von Golomb verwendet, konnte David Klarner ein überraschendes Ergebnis zeigen, das den L-Tetromino betrifft. Wie man Bild 44 entnimmt, ist es nicht schwer, ein 4 × 6-Rechteck mit L-Tetrominos vollzupacken. So oft man hingegen auch versucht, man wird keine entsprechende Möglichkeit für ein 10 × 10-Quadrat finden. Das ist eine Folgerung aus dem folgenden Satz.

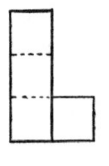 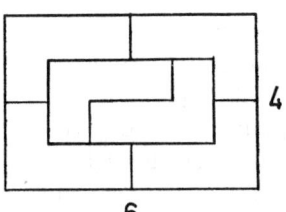

Bild 44

Satz: *Kann man ein Rechteck mit L-Tetrominos vollpacken, so braucht man dazu immer eine gerade Anzahl von Steinen dieser Art.*

Beweis: Das a × b-Rechteck sei durch L-Tetrominos überdeckbar. Da jeder Stein eine Fläche von vier Einheiten hat, muß die Gesamtfläche des Rechteckes, a · b, ein Vielfaches von 4 sein. Folglich können a und b nicht beide ungerade sein. Es sei also o.B.d.A. die Grundlinie b gerade. Dann erhält das Rechteck eine gerade Spaltenzahl; diese Spalten färbt man nun abwechselnd schwarz und weiß. Diese Färbung hat die schöne Eigenschaft, daß ein L-Tetromino stets drei Felder einer und ein Feld der zweiten Farbe überdeckt. Nun betrachtet man eine feste Überdeckung der gewünschten Art. Die Anzahl der Steine, die 3 schwarze und 1 weißes Feld bedecken, sei x. y sei die Anzahl der übrigen (die also 3 weiße und 1 schwarzes Feld bedecken). (Vgl. Bild 45.) Die Gesamtzahl überdeckter schwarzer Felder ist dann $3x + y$, die überdeckter weißer Felder $x + 3y$. Jede dieser Zahlen ist gleich $a \cdot b/2$, weil alle Quadrate überdeckt sind und weil es — b ist gerade — gleichviele Quadrate beider Farben gibt.

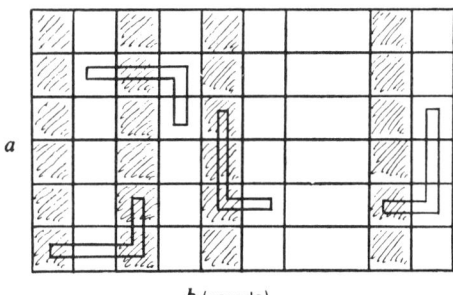

Bild 45

a

b (gerade)

Es gilt daher

$$3x + y = x + 3y, \quad 2x = 2y \quad \text{und} \quad x = y$$

Folglich ist die Anzahl der verwendeten Steine ($= x + y$) gegeben durch $2x$, eine gerade Zahl.

Daher ist es hoffnungslos zu versuchen, eine Überdeckung eines 10×10-Rechteckes zu finden (dazu würde man ja 25 Steine dieser Art benötigen). Weil die Zahl der L-Tetrominos, $a \cdot b/4$, eine gerade Zahl ist, muß ab ein Vielfaches von 8 sein. Man kann zeigen, daß *man ein $a \times b$-Rechteck mit L-Tetrominos überdecken kann genau dann, wenn a, b > 1 gilt und wenn 8 ein Teiler von $a \cdot b$ ist.* 1965 bewies D. W. Walkup ein ähnliches Ergebnis: *Es gibt eine Überdeckung des $a \times b$-Rechteckes durch T-Tetrominos genau dann, wenn 4 ein Teiler von a und von b ist.*

Ein Polyomino (z. B. der L-Tetromino), von dem man zur Überdeckung aller Rechtecke (bei denen es überhaupt möglich ist) eine gerade Anzahl von Kopien benötigt, nennt man einen „*geraden*" Polyomino. Wenn auch nur ein Rechteck mit einer ungeraden Zahl von Kopien überdeckt wird, so nennt man ihn „*ungerade*". In den Übungen kommt die Aufgabe vor nachzuweisen, daß es unendlich viele verschiedene gerade und ungerade Polyominos gibt.

(iv) Unser letztes die Polyominos betreffendes Thema ist ein einfacher, von Golomb stammender Beweis der Aussage, daß man aus den 35 Hexominos nie ein Rechteck bilden kann, wenn jeder Stein genau einmal verwendet wird.

Wir gehen indirekt vor. Jedes überdeckbare Rechteck müßte eine Fläche von 35 × 6 = 210 Einheiten haben, einer geraden Zahl. Färbt man das Rechteck schachbrettartig, so erhält man 105 Felder jeder Farbe. Die Hexominos kann man bezüglich ihrer Gestalt in zwei Gruppen einteilen.

(i) die 24 Hexominos, die auf dem Schachbrett drei Felder beider Farben überdecken (Bild 46).

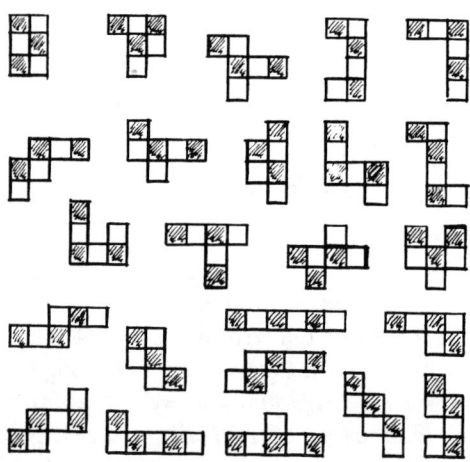

Bild 46 Die 24 Hexominos der Gruppe (i)

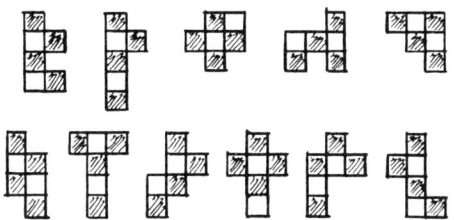

Bild 47
Die 11 Hexominos der Gruppe (ii)

(ii) die 11 Hexominos, die zwei Felder einer und vier der anderen Farbe überdecken (Bild 47).

In der Überdeckung werden dann durch Steine der Gruppe (i) 24 × 3 = 72 — eine gerade Zahl — Felder beider Farben bedeckt. Wenn wir auch die genaue Zahl der — sagen wir — schwarzen Quadrate nicht kennen, die unter Steinen der Gruppe (ii) liegen, so muß diese Zahl doch als Summe von 11 geraden Zahlen (die entweder 2 oder 4 sind) darstellbar und deswegen selbst gerade sein. Das gilt analog auch für die zweite Farbe. Deswegen würden alle Steine insgesamt eine gerade Zahl von Feldern jeder der beiden Farben bedecken (gerade + gerade = gerade) und nicht die verlangten 105 Felder.

(b) *Bunte Fenster.* In Bild 48 sieht man einen Teil eines unendlichen bunten Glasfensters, das die anziehende Eigenschaft hat, daß man immer, wenn man ein 3 × 4-Rechteck (3 senkrecht, 4 waagrecht) herausgreift, darinnen 3 orange, 4 gelbe und 5 rote Felder findet. Ein solches Fenster erhält man einfach durch Aneinanderfügen von 3 × 4-

r	g	o	g	r	g	o	g	r	g	o
g	r	r	o	g	r	r	o	g	r	r
r	o	g	r	r	o	g	r	r	o	g
r	g	o	g	r	g	o	g	r	g	o
g	r	r	o	g	r	r	o	g	r	r
r	o	g	r	r	o	g	r	r	o	g
r	g	o	g	r	g	o	g	r	g	o
g	r	r	o	g	r	r	o	g	r	r

Bild 48

Rechtecken, die in der gewünschten Weise gefärbt sind. Allgemein kann man ein m × n-Rechteck und eine beliebige Farbenvorschrift verwenden. Wo auch immer man das Fenster betrachtet, kann man sich vorstellen, daß das 3 × 4-Rechteck in diese Lage verschoben wurde, wobei man es ausgehend von einer festen Ausgangsposition zuerst horizontal und dann aufwärts oder abwärts verschiebt. Dabei kommen auf einer Seite genau die Farben dazu, die das Rechteck auf der anderen Seite verliert. Wenn man das Rechteck durch Drehen in ein 4 × 3-Rechteck verwandelt (4 senkrecht, 3 waagrecht), so verliert das Fenster seine magische Eigenschaft. Es gibt jedoch unendlich viele Fenster dieser Art, die ein konstantes Ergebnis liefern, ganz egal, welches Rechteck verwendet wird. Einige haben diese Eigenschaft sogar für nicht rechteckige „Rahmen", wie zum Beispiel für ein „Kreuz". In einer gemeinsamen Arbeit vom jungen holländischen Mathematiker M. L. J. Hautus und von Professor Klarner wird die allgemeinste Art von Fenstern angegeben, für die es nicht möglich ist, die Konstruktionsvorschrift aus der Betrachtung des fertigen Fensters abzuleiten.

Golombs Färbung des Dame-Brettes (Bild 41) stellt eine typische Anwendung der farbigen Fenster dar. Klarner bewies das folgende Ergebnis unter Verwendung des Fensters, das aus dem „Basisquadrat" D der Dimension n × n (Bild 49) durch Aneinanderfügen entsteht.

D:

1	2	3	- -	n
n	1	2	- -	n-1
n-1	n	1	- -	n-2
-	-		- -	- -
-	-	-		- -
2	3	4	- -	1

Bild 49
Jede Zeile und jede Spalte ist eine zyklische Permutation von 1, 2, ..., n; die 1 erscheint immer in der Hauptdiagonale

Ein a × b-*Rechteck R kann durch* 1 × n-*Streifen genau dann überdeckt werden, wenn* n *ein Teiler von* a *oder von* b *ist.* (Vgl. mit den Übungen). Als einfaches Korollar ergibt sich das folgende allgemeine Ergebnis.

Satz: *Ein a × b-Rechteck R kann genau dann durch c × d-Rechtecke überdeckt werden, wenn entweder* (i) *c und d je genau eine der Zahlen a und b teilen (jeder eine verschiedene) oder wenn* (ii) *c und d beide Teiler einer der Zahlen a und b sind — z. B. von a —, und die zweite — b — von der Form* b = cx + dy *ist für gewisse nicht-negative ganze Zahlen* x *und* y.

Dieser Satz zeigt die grundlegende Bedeutung trivialer Überdeckungen (zeilen- und spaltenweise Überdeckung). Ist ein Rechteck mit Rechtecken K irgendwie überdeckbar, dann sagt der Satz, daß man die Überdeckung auf triviale Weise (Bedingung (i)) durchführen kann oder durch triviale Überdeckung zweier aneinandergrenzender Teilrechtecke (Bedingung (ii)). (Vgl. Bild 50 und Bild 51).

Bedingung (i): c teilt a; d teilt b
Bedingung (ii):

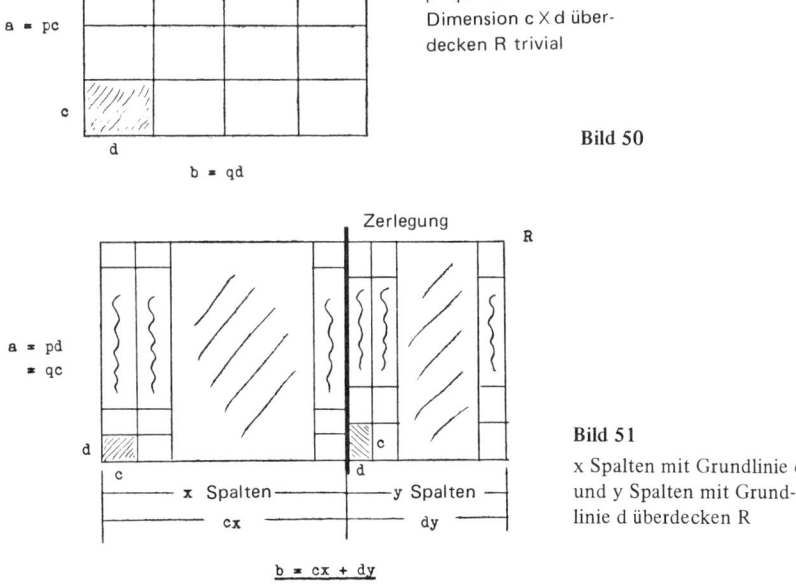

Bild 50
p·q Rechtecke der Dimension c × d überdecken R trivial

Bild 51
x Spalten mit Grundlinie c und y Spalten mit Grundlinie d überdecken R

8.2 Feste Packungen

(a) *Der Satz von de Bruijn.* Die Aufgabe, Blöcke in Schachteln zu packen, führt zu unerwartet interessanten Ergebnissen. Der siebenjährige Sohn des bekannten holländischen Mathematikers N. G. de Bruijn entdeckte eines Tages, daß er seine 1 × 2 × 4-Blöcke nicht in seine kleine 6 × 6 × 6-Schachtel packen konnte. Dadurch stieß de Bruijn auf diesen Themenkreis. 1969 veröffentlichte er den folgenden Satz über harmonische Blöcke, d. h. über Blöcke der Dimension a × ab × abc.

Satz: *Eine Schachtel kann genau dann mit harmonischen a × ab × abc-Blöcken vollständig gefüllt werden, wenn die Schachtel die Dimension ap × abq × abcr hat, wobei p, q und r natürliche Zahlen sind (d. h., wenn die Schachtel ein „Vielfaches" des Blockes ist).*

Kurzes Nachdenken enthüllt, daß eine ap × abq × abcr-Schachtel auf triviale Art mit a × ab × abc-Blöcken vollgefüllt werden kann. (Vgl. Bild 52). Klarners Ergebnis aus dem letzten Abschnitt ist ein Spezialfall der zweidimensionalen Version des Satzes von de Bruijn. Der Kern dieses Satzes ist jedoch, daß die einzigen Schachteln, die man mit harmonischen Blöcken vollpacken kann, die sind, die man trivial damit füllen kann. Wenn es auch nicht-triviale Packungen für die Schachtel geben kann, die triviale Packung muß immer möglich sein. De Bruijn bewies außerdem, daß es zu jedem nicht-harmonischen Block eine Schachtel gibt, die kein Vielfaches des Blocks ist, die aber dennoch mit Blöcken dieser Art vollständig gefüllt werden kann.

Harmonische Blöcke enthalten als Spezialfall viele übliche Größen — 1 × 2 × 4, 1 × 1 × 2, 1 × 2 × 2 usw. Der Satz von de

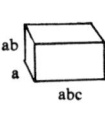
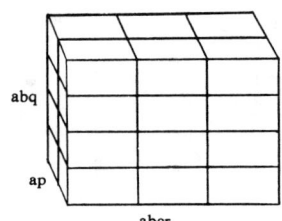

Bild 52

Bruijn bewirkt daher einige interessante Überraschungen. Zum Beispiel kann eine 10 × 10 × 10-Schachtel mit 1 × 2 × 4-Blöcken nicht gefüllt werden, weil 10 nicht durch 4 teilbar ist. Eine Schachtel dieser Dimension kann nicht einmal mit den noch einfacheren 1 × 1 × 4-Blöcken vollgefüllt werden. Einen Block dieser Dimension nennt man geraden Tetrakubus. Obwohl auch das eine unmittelbare Folgerung des obigen Satzes darstellt, betrachten wir nun dennoch zwei voneinander unabhängige Beweise dafür. Der erste enthält eine neue Konstruktionsart für dreidimensionale Glasfenster.

Eine Ecke der Schachtel und die dort zusammenlaufenden drei Kanten mögen den Ursprung und die (positiven) Achsen eines kartesischen Koordinatensystems bilden. (Vgl. Bild 53) Jedem Einheitswürfel in der Schachtel ordnen wir die Koordinaten (x, y, z) der Ecke zu, die am nächsten zum Ursprung liegt. Jeder Einheitswürfel ist jetzt gefärbt mit einer der vier Farben 1, 2, 3 oder 4; und zwar mit der, für die $x + y + z \equiv 1, 2, 3$ oder 4 modulo 4 gilt. Daraus folgert man leicht, daß, wo immer ein 1 × 1 × 4-Block in der Schachtel liegt, dieser genau einen Einheitswürfel jeder Farbe beansprucht. Folglich müßte die Schachtel — im Falle der vollständigen Füllbarkeit — genau gleich viele (250) Einheitswürfel jeder Farbe enthalten. Da es aber tatsächlich nur 249 Würfel der Farbe 3 gibt, kann es also keine Packung aus 1 × 1 × 4-Blöcken für eine Schachtel der Dimension 10 × 10 × 10 geben. Es ist eine nette kombinatorische Übung, die Anzahl der mit der Farbe 3 gefärbten Würfel zu bestimmen. Einfacher kann man das aber folgendermaßen ableiten.

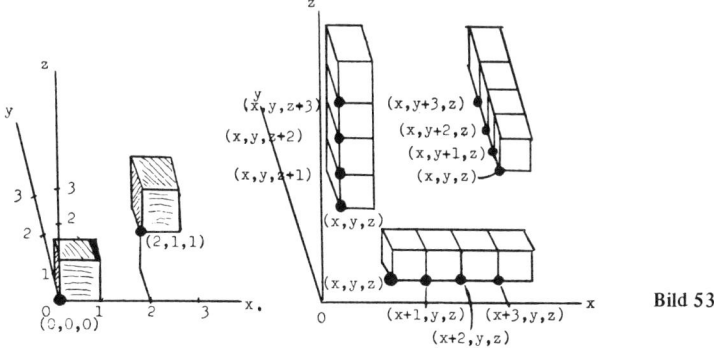

Bild 53

Die vier untersten Schichten bepackt man einfach dadurch, daß man die 1 × 1 × 4-Blöcke hochkantig hineinstellt. Auch die nächsten vier Schichten füllt man genauso. Verwendet man nun die anderen Lagen der Blöcke, so sieht man, daß man auch den Rest mit Ausnahme eines 2 × 2 × 2-Bereiches füllen kann, der in einer Ecke, sagen wir in der dem Ursprung gegenüberliegenden, liegt. Da jeder Block einen Würfel jeder Farbe beansprucht, muß jede Farbe im vollgepackten Teil gleich oft auftreten (248 Mal, da nur 8 Würfel übrig sind). Eine direkte Nachprüfung zeigt aber, daß im restlichen 2 × 2 × 2-Stück die Farbe 9 nur noch ein einziges Mal (im Würfel (9, 9, 9)) vorkommt. (Vgl. Bild 54)

Unser zweiter Beweis stammt von Brian Lapcevic, einem Gymnasiallehrer aus Toronto, Ontario. In einer trivialen Anordnung enthält die (10 × 10 × 10)-Schachtel 125 Blöcke der Dimension 2 × 2 × 2. Diese färbt man abwechselnd so schwarz und weiß, wie man es aus Bild 55 entnimmt. Wohin man nun auch einen 1 × 1 × 4-Block legt, immer wird er dabei zwei Einheitswürfel beider Farben beanspruchen. Eine Packung ist also nur möglich, wenn die Schachtel gleich viele weiße und schwarze Einheitswürfel enthält. Da es aber eine ungerade Anzahl (125) von 2 × 2 × 2-Blöcken in der Schachtel

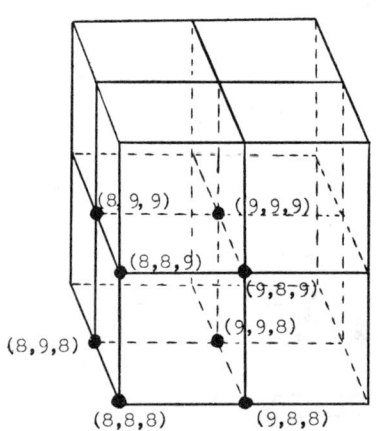

Fig. 54 x, y, z sind jeweils 8 oder 9; jede Anordnung der 8 und 9 ist möglich.

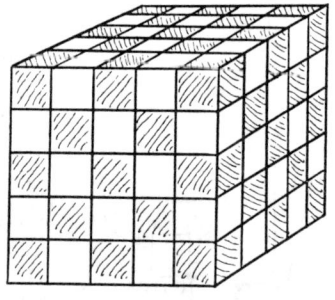

Bild 55

gibt, die die Farben weiß oder schwarz haben, können nicht beide Farben gleich oft auftreten, weswegen es auch keine Packung der gewünschten Art geben kann.

Der Satz von de Bruijn ruft ein überraschendes Ergebnis in Erinnerung, der die Zerlegung eines Rechteckes in Quadrate betrifft, die paarweise verschieden groß sind. Diese Frage wurde 1936 von vier Studenten des Trinity College, Cambridge, nämlich von Brooks, Smith, Stone und Tutte, aufgegriffen. Seit damals sind viele solche Zerlegungen entdeckt worden. (Vgl. Bild 56). Es war jedoch eine große Überraschung zu erfahren, daß, wenn man ein Rechteck nicht trivial in Quadrate *gleicher* Größe zerlegen kann, man es überhaupt nicht in Quadrate zerlegen kann!

(b) *Prime und zusammengesetzte Schachteln.* Es kann manchmal vorkommen, daß man eine Packung für die Schachtel B so erhält, daß man eine Menge A kleinerer Schachteln vollpackt und dann mit den vollen Schachteln der Menge die Schachtel B füllt, wobei natürlich mehrere Kopien der kleineren Schachtel erlaubt sind. Wenn es keine Menge A solcher kleinerer, füllbarer Schachteln gibt, dann heißt B „prim" bezüglich der Menge S derjenigen Schachteln, die man mit den in Frage kommenden Blöcken füllen kann. (Wenn S mindestens eine Schachtel enthält, erhält man daraus offensichtlich unendlich viele, indem man Kopien der Schachteln aneinanderfügt, woraus auch folgt, daß S unendlich ist.) Zum Beispiel ist die 1 × 2 × 4-

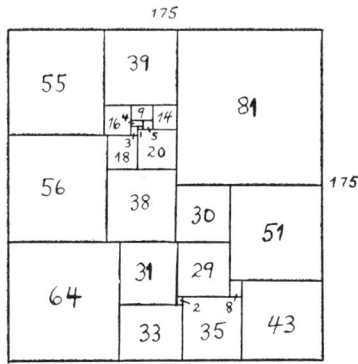

Bild 56

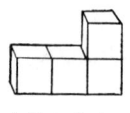 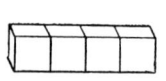 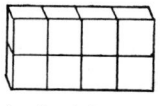

L-Tetrakubus	gerader Tetrakubus	1 x 2 x 4-Schachtel	Bild 57

Schachtel prim bezüglich der Menge von Schachteln, die durch L-Tetrakuben füllbar sind; sie ist aber „zusammengesetzt" bezüglich der Menge von Schachteln, die durch gerade Tetrakuben füllbar sind. (Vgl. Bild 57.)

1969 bewiesen Dr. Klarner und F. Gobel einen allgemeinen Satz über unendliche Schachtelmengen mit ganzzahligen Abmessungen und ihr Auftreten als Menge von — durch Blöcke einer Menge — füllbaren Schachteln.

Der Packungssatz: *Die Anzahl der Primschachteln ist immer endlich.*

Das bedeutet, daß in jeder unendlichen Menge von Schachteln mit ganzzahligen Abmessungen alle Schachteln mit der Ausnahme von endlich vielen nur Kombinationen sind aus einer gewissen endlichen Teilmenge dieser Schachtelmenge. Die Bestimmung aller Primschachteln bezüglich vieler der bekannten „Polykuben" ist immer noch ein offenes Problem.

Es stellt sich heraus, daß zusammengesetzte Schachteln einfach zu charakterisieren sind. Eine zusammengesetzte Schachtel B ist nicht nur mit primen Schachteln der betrachteten Menge S füllbar, sondern es existiert sogar eine Packung von B mit Primschachteln so, daß man die Packung längs einer Ebene spalten kann ohne eine Primschachtel der Packung zu zertrennen. Eine zusammengesetzte Schachtel kann also gefüllt werden durch Füllung zweier kleinerer Schachteln, deren Vereinigung die ursprüngliche ergibt. Wendet man das auf die Menge S der durch Blöcke füllbaren Schachteln an, so erkennt man, daß eine Schachtel genau dann zusammengesetzt ist, wenn es eine Packung durch *Blöcke* (nicht nur durch kleinere Schachteln) gibt, die „spaltbar" ist. Folglich ist es nicht nötig, alle Primschachteln zu kennen, die kleiner als eine gegebene Schachtel B sind, um über die Art von B entscheiden zu können.

Man erkennt sie als prim oder zusammengesetzt durch Prüfung ihrer Packungen mit den vorgeschriebenen Blöcken ohne Bezugnahme auf die übrigen Schachteln in S. Zum Beispiel ist es möglich, eine 8 × 11 × 21-Schachtel mit 44 Kopien von 2 × 3 × 7-Blöcken vollzupacken. In keiner dieser Packungen ergibt sich aber eine Schnittebene, weswegen die Schachtel prim sein muß. Zum Abschluß dieses Abschnittes geben wir einen einfachen Beweis dafür, daß die 6 × 6-„Schachtel" so hochgradig zusammengesetzt ist in der Menge der durch 1 × 2-Dominos füllbaren „Schachteln", daß jede Packung spaltbar ist.

Zuerst zerlegen wir die Schachtel durch 10 Linien in ihre 36 Einheitsquadrate. Wir zeigen, daß die Anzahl der Dominos, die über einer festen Linie liegen, immer gerade ist. Nimmt man das Gegenteil an, dann gibt es eine Linie R, über der eine ungerade Zahl von Dominos liegt. Daraus ergibt sich die Existenz eines unmöglichen Bereiches K (Bild 58), dessen Fläche einerseits ungerade ist wegen der ungeraden Zahl von Dominos über R und gerade ist andererseits, weil K von einer ganzen Zahl von Dominos überdeckt ist. Folglich wird jede Linie von einer geraden Zahl von Dominos überdeckt. Um jede der 10 Linien mindestens zweimal zu überqueren, braucht man mindestens 10 · 2 = 20 Dominos (wenn eine Linie einmal überquert wird, dann muß sie das mindestens noch ein zweites Mal werden). Ein Domino kann höchstens eine Linie überqueren, weswegen man also mindestens 20 Dominos braucht, damit über jeder Linie ein Domino liegt; das wiederum müßte erfüllt sein, wenn es keine Spaltungsmöglichkeit geben soll. Die 6 × 6-Schachtel hat aber nur für 18 Dominos Platz.

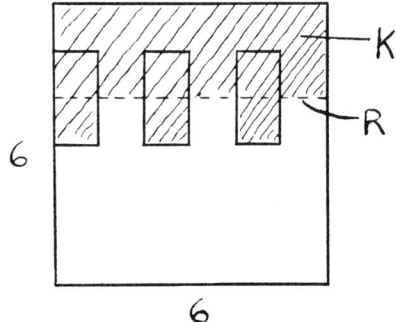

Bild 58

(c) *Die Puzzles von Slothouber-Graatsma und Conway.* Schließlich kommen wir zu den Puzzles, über die ich zu Beginn dieses Kapitels geschrieben habe. Die zugehörigen Theorien sind im wesentlichen gleich, weil jede die gleiche dreidimensionale Abart eines Buntglasfensters verwendet. Das erste Puzzle tritt in einem Buch der holländischen Architekten Jan Slothouber und William Graatsma auf.

(1) *Das Slothouber-Graatsma Puzzle.* Dabei wird gefordert, sechs 1 × 2 × 2-Blöcke und drei 1 × 1 × 1-Blöcke zu einem 3 × 3 × 3-Würfel zusammenzufügen (Bild 59). Das ist ein einfaches Puzzle; viele Leute bewältigen es in kurzer Zeit ohne irgendeine bestimmte Theorie dafür zu haben. Die Theorie ist aber sehr anziehend und hat den Vorteil, daß man sie auch in komplizierteren Situationen verwenden kann.

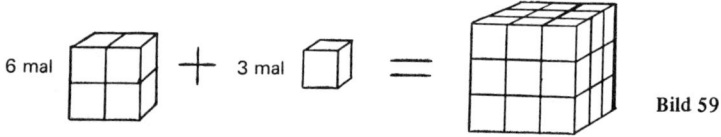

Bild 59

Jetzt betrachten wir das dreidimensionale Buntglasfenster, das durch Aneinanderfügen von Kopien des 2 × 2 × 2-Würfel D entsteht, dessen acht Einheitswürfel mit den Farben 1, 2, 3, 4 wie in Bild 60 bemalt werden. Dadurch kommt man zur folgenden Färbung der Einheitswürfel in einem 3 × 3 × 3-Würfel der im „Fenster" so liegt, daß eine Kopie von D in ihm in der Ecke hinten, links unten erscheint (Bild 61). Sodann ist es ganz einfach, durch Betrachtung aller mög-

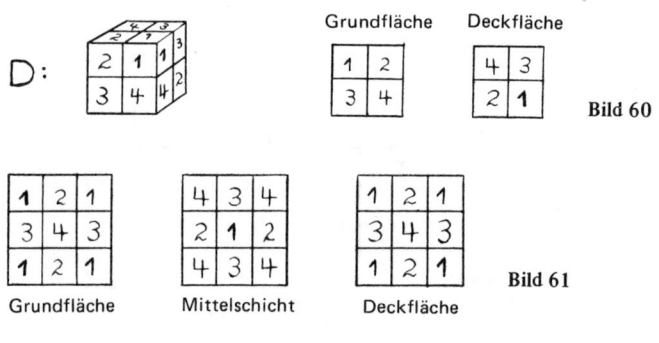

Bild 61

lichen Fälle nachzuweisen, daß ein 1 × 2 × 2-Block in beliebiger Lage (im 3 × 3 × 3-Würfel) immer genau den Platz je eines Einheitswürfels aller vier Farben einnimmt. Die Plazierung der sechs Blöcke dieses Typs verbraucht also sechs Einheitswürfel jeder Farbe. Durch Abzählen sieht man aber unmittelbar, daß es nur je 6 Würfel der Farben 2, 3 und 4 gibt. Die 1 × 2 × 2-Blöcke nehmen deshalb den Platz aller in den Farben 2, 3 und 4 gefärbten Würfel ein und auch noch den Platz von sechs der neun mit Farbe 1 gefärbten Würfel. Folglich müssen die 1 × 1 × 1-Blöcke so gelegt werden, daß sie Positionen einnehmen, die mit Farbe 1 bemalt sind.

Keine 3 × 3-Schicht, bestehend aus neun Einheitswürfeln, kann nur aus 1 × 2 × 2-Blöcken bestehen, weil die Anzahl der Einheitswürfel, die ein solcher Block in einer Schicht benötigt, entweder 4 ist (der Block liegt „flach") oder 2 (der Block liegt „aufgestellt") und weil keine Summe aus Zweiern und Vierern die ungerade Zahl 9 ergeben kann. In jeder der neun Schichten des Würfels muß also ein 1 × 1 × 1-Block liegen. In der zweiten Schicht von unten kann dieser Block nur in der Mitte liegen, was auch den Mittelwürfel der ganzen Anordnung darstellt.

In der obersten Schicht muß der 1 × 1 × 1-Block in einer der Ecken liegen (es ist unerheblich, in welcher, weil man den Würfel so drehen kann, daß eine ausgezeichnete Ecke in eine beliebige der vier Ecklagen kommt). Damit schließlich in jeder Schicht ein 1 × 1 × 1-Block liegt, muß der dritte (und letzte) 1 × 1 × 1-Block in der untersten Schicht dem in der obersten diagonal gegenüber liegen. Ausgerüstet mit dem Wissen, daß die drei 1 × 1 × 1-Blöcke in einer Diagonalen des Würfels liegen, ist es nun mit einem Minimum an Versuchen möglich, den Würfel wirklich herzustellen. (Vgl. Bild 62).

(2) *Das Conway-Puzzle.* In diesem Puzzle soll ein 5 × 5 × 5-Würfel aus 13 1 × 2 × 4-Blöcken, einem 2 × 2 × 2-Block, einem 1 × 2 × 2-Block und 3 1 × 1 × 3-Blöcken zusammengestellt werden (Bild 63). Dieses wirklich gute Puzzle ist die Erfindung von John Conway, einem bekannten englischen Mathematiker aus Cambridge. Es ist komplizierter als das zuerst besprochene, aber für sich betrachtet, doch nicht übermäßig kompliziert.

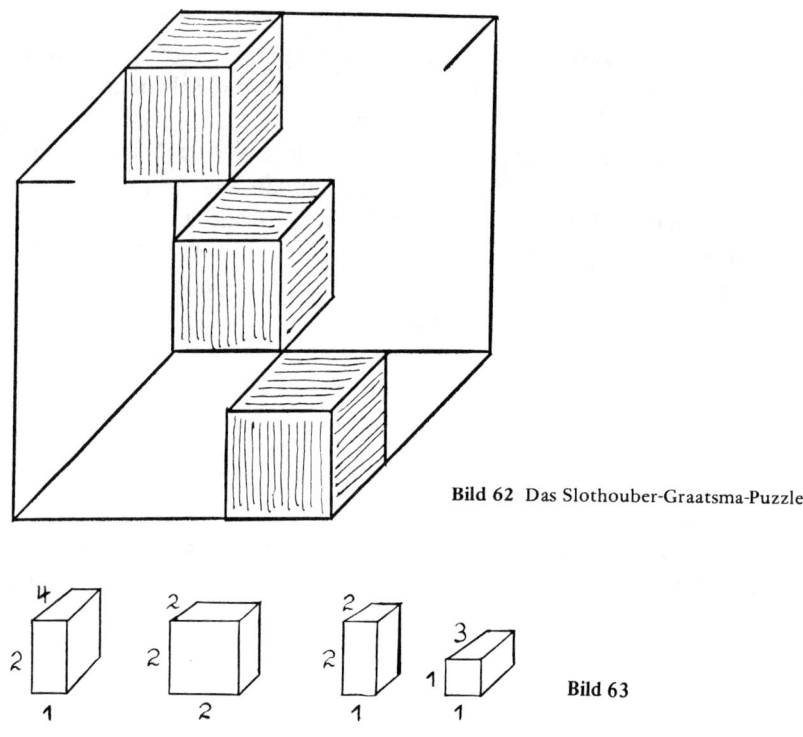

Bild 62 Das Slothouber-Graatsma-Puzzle

Bild 63

Die mathematische Analyse läuft parallel zur Theorie des Slothouber-Graatsma-Puzzles. Das gleiche dreidimensionale Buntglasfenster wie dort (erzeugt aus dem 2 × 2 × 2 Block D) findet dabei Verwendung. Dadurch erhält man die in Bild 64 gezeigte Färbung

Grund-, Mittel- und oberste Schicht

1	2	1	2	1
3	4	3	4	3
1	2	1	2	1
3	4	3	4	3
1	2	1	2	1

Zweite und vierte Schicht

4	3	4	3	4
2	1	2	1	2
4	3	4	3	4
2	1	2	1	2
4	3	4	3	4

Bild 64

eines 5 × 5 × 5-Würfels, der eine Kopie von D in der hinteren, linken, unteren Ecke stehen hat. Wieder zeigt eine direkte Nachprüfung, daß in jeder Lage ein 1 × 2 × 2-Block den Platz je eines Einheitswürfels jeder der vier Farben benötigt. Folglich beansprucht ein 1 × 2 × 4-Block, weil er einfach aus zwei hintereinander gestellten Kopien eines 1 × 2 × 2-Blockes besteht, zwei Einheitswürfel jeder Farbe. Das gilt auch für einen 2 × 2 × 2-Block, der ja ebenfalls aus zwei 1 × 2 × 2-Blöcken besteht, die diesmal nebeneinander stehen. Insgesamt benötigen diese Blöcke $13 \cdot 2 + 1 \cdot 2 + 1 \cdot 1 = 29$ Einheitswürfel jeder Farbe. Durch Abzählen ergeben sich 35 mit Farbe 1 gefärbte Würfel und je 30 mit jeder der übrigen drei Farben gefärbte Würfel. Folglich müssen die drei 1 × 1 × 3-Blöcke sechs „1-farbige" Einheitswürfel und je einen Würfel der drei anderen Farben als Platz beanspruchen. Offensichtlich sind keine zwei 1-farbigen Würfel unmittelbar benachbart, weswegen für einen 1 × 1 × 3-Block höchstens 2 1-farbige Würfel bleiben. Weil insgesamt nur 6 1-farbige Würfel auf die 3 1 × 1 × 3-Blöcke verteilt werden können, müssen für jeden dieser Blöcke genau 2 1-farbige Würfel zur Verfügung stehen. Weil auch je ein Würfel der restlichen drei Farben auftreten muß, müssen die Blöcke den Platz dreier aufeinanderfolgender Würfel der Farben (1, 2, 1), (1, 3, 1) und (1, 4, 1) beanspruchen.

Man bemerkt, daß die Blöcke 1 × 2 × 4, 2 × 2 × 2 und 1 × 2 × 2 zu jeder Schicht, in der sie liegen, eine gerade Zahl von Würfeln beitragen. Man nennt sie deshalb „gerade" Blöcke; der 1 × 1 × 3-Block wird „ungerade" genannt. Weil in jeder 5 × 5-Schicht eine ungerade Anzahl von Würfeln liegt, muß jede Schicht einen Würfel (oder alle drei) eines ungeraden Blocks enthalten. Daraus folgt, daß es zu jeder Kante des großen Würfels einen dazu parallel liegenden ungeraden Block geben muß (man betrachte die fünf Schichten von hinten nach vorne: wenn kein ungerader Block von hinten nach vorne verläuft, können höchstens drei dieser Schichten einen Würfel eines ungeraden Blocks enthalten). Mit Hilfe der folgenden beiden Ergebnisse (deren einfache Beweise dem Leser überlassen bleiben) kann man nun das Puzzle lösen:

(i) Kein ungerader Block kann ganz in einer „Mittelschicht" (z.B. in der von links nach rechts verlaufenden) liegen.

(ii) Nicht alle ungeraden Blöcke können ganz in den Oberflächenschichten liegen (und so den 3 × 3 × 3-„Kern" vermeiden). Einer dieser Blöcke muß sogar ganz im Kern liegen. (Ausgehend von der gegebenen Färbung erkennt man die starke Einschränkung, die darin liegt, daß die ungeraden Blöcke in gemäß (1, 2, 1), (1, 3, 1) und (1, 4, 1) gefärbten Lagen plaziert werden müssen.)

Jetzt kann man ableiten, daß sich die drei ungeraden Blöcke wie in Bild 65 gezeigt durch den Würfel „winden" müssen. Die Färbung erzwingt, daß der ungerade Block im 3 × 3 × 3-Kern in einer Kante dieses Kerns liegen muß. Diese Kante kann als die links unten angenommen werden, die von hinten nach vorn verläuft; denn sonst könnte man den Würfel geeignet verdrehen. Folglich kann man – wie gezeigt – annehmen, daß in jeder Lösung ein ungerader Block links vom Mittelpunkt, in der zweiten Schicht von unten, von hinten nach vorn läuft.

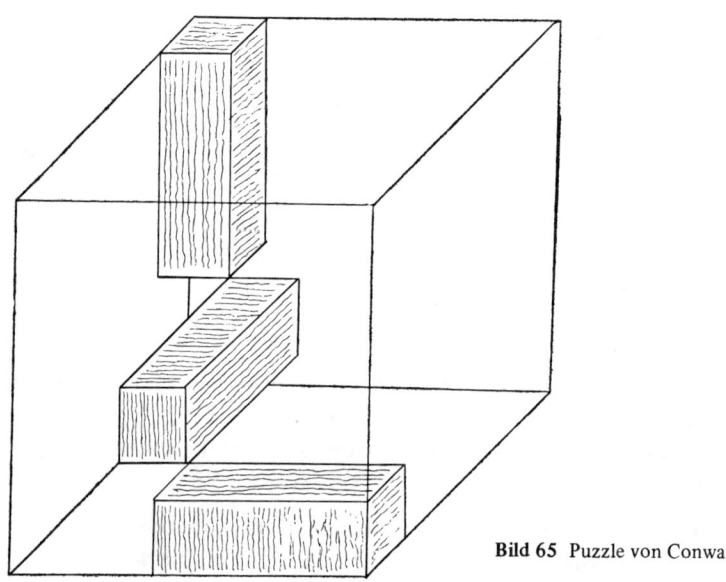

Bild 65 Puzzle von Conway

Die übrigen ungeraden Blöcke müssen dann die vorderste und hinterste Schicht treffen. Die für die Blöcke bleibenden Richtungen erzwingen, daß jeder Block vollständig in jeder der beiden Schichten liegt, die er überhaupt trifft. Damit alle Schichten von oben nach unten von ungeraden Blöcken getroffen werden, muß der senkrecht liegende in den drei obersten Schichten bleiben, und der andere muß waagerecht in der untersten Schicht liegen. Weil auch alle Schichten von links nach rechts getroffen werden müssen, muß dieser Block rechts außen liegen, weswegen der senkrecht liegende ganz links liegt. Daher ist nun die Lage der ungeraden Blöcke fixiert bis auf die Möglichkeit, den einen vorne und den anderen hinten zu plazieren. Da diese Möglichkeit aber äquivalente Ergebnisse liefern, gibt es im wesentlichen nur eine Möglichkeit für die Plazierung der drei ungeraden Blöcke. Mit dem nun entdeckten Geheimnis des Puzzles kann man die restlichen Teile sehr schnell einfügen.

Prof. Klarner hat entdeckt, daß 25 Y-Pentakuben (Bild 66) sich auch zu einem $5 \times 5 \times 5$-Würfel zusammenfügen lassen. In der Gegend von Waterloo sprechen wir daher vom „Puzzle von Klarner". Er brauchte ungefähr 45 Minuten für eine Zusammensetzungsmöglichkeit, ein Computer hingegen fand nicht einmal in einer ganzen Stunde eine solche. Unter Anleitung jedoch fand der Computer bald fast 400 verschiedene Lösungen. (Vgl. die Übungen!)

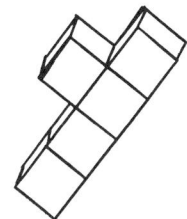

Bild 66 Der Y-Pentakubus

(d) *Verwandte Ergebnisse.* Es sind viele Ergebnisse gefunden worden, die Schachteln betreffen, die mit verschiedenartigen Polykuben füllbar sind. Die Auflistung in Tabelle 67 ist weit davon entfernt vollständig zu sein. Die Namen sind mit einem Stern versehen, um sie von ebenen Polyominos zu unterscheiden. $\langle a \times b \times c \rangle$ bezeichnet die Schachtel $a \times b \times c$; $P(X)$ bezeichnet die Menge der primen Schachteln bezüglich des Polykubus X; $B(X)$ ist die Menge der Schachteln, die mit Kopien von X vollständig füllbar sind.

Tabelle 67

	$V_3{}^*$	$\{\langle 1 \times 2 \times 3\rangle, \langle 1 \times 5 \times 9\rangle, \langle 3 \times 3 \times 3\rangle\} = P(V_3{}^*)$
	$L_4{}^*$	$\{\langle 1 \times 2 \times 4\rangle, \langle 1 \times 3 \times 8\rangle, \langle 2 \times 2 \times 6\rangle, \langle 2 \times 3 \times 6\rangle,$ $\langle 2 \times 3 \times 4\rangle\} = P(L_4{}^*)$
	$T_4{}^*$	$\{\langle 1 \times 4 \times 4\rangle, \langle 3 \times 3 \times 8\rangle\} \subseteq P(T_4{}^*)$
	$N_4{}^*$	$\{\langle 2 \times 3 \times 4\rangle, \langle 2 \times 4 \times 4\rangle, \langle 2 \times 4 \times 5\rangle\} \subseteq P(N_4{}^*)$
	$L_5{}^*$	$\{\langle 1 \times 2 \times 5\rangle, \langle 1 \times 9 \times 15\rangle, \langle 3 \times 5 \times 5\rangle\} \subseteq P(L_5{}^*)$
	$Y_5{}^*$	$\{\langle 2 \times 5 \times 6\rangle, \langle 3 \times 4 \times 5\rangle, \langle 2 \times 4 \times 10\rangle, \langle 2 \times 5 \times 8\rangle,$ $\langle 4 \times 4 \times 5\rangle, \langle 2 \times 5 \times 11\rangle, \langle 4 \times 5 \times 5\rangle, \langle 2 \times 4 \times 15\rangle,$ $\langle 5 \times 5 \times 5\rangle, \langle 2 \times 5 \times 13\rangle, \langle 2 \times 5 \times 15\rangle\} \subseteq P(Y_5{}^*)$
	$N_5{}^*$	$\{\langle 2 \times 4 \times 5\rangle, \langle 2 \times 5 \times 5\rangle, \langle 2 \times 5 \times 6\rangle, \langle 2 \times 5 \times 7\rangle\}$ $\subseteq P(N_5{}^*),$ $\langle 3 \times 5 \times 14\rangle \in B(N_5{}^*)$

Tabelle 67 (Fortsetzung)

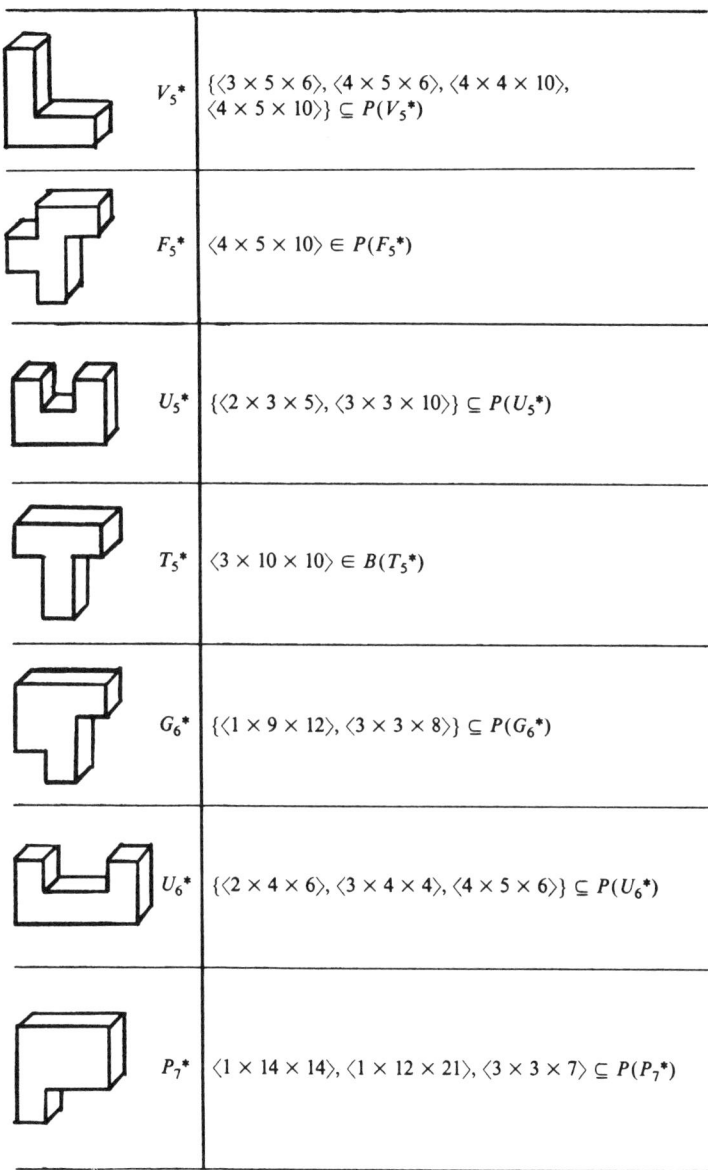

	V_5^*	$\{\langle 3 \times 5 \times 6 \rangle, \langle 4 \times 5 \times 6 \rangle, \langle 4 \times 4 \times 10 \rangle, \langle 4 \times 5 \times 10 \rangle\} \subseteq P(V_5^*)$
	F_5^*	$\langle 4 \times 5 \times 10 \rangle \in P(F_5^*)$
	U_5^*	$\{\langle 2 \times 3 \times 5 \rangle, \langle 3 \times 3 \times 10 \rangle\} \subseteq P(U_5^*)$
	T_5^*	$\langle 3 \times 10 \times 10 \rangle \in B(T_5^*)$
	G_6^*	$\{\langle 1 \times 9 \times 12 \rangle, \langle 3 \times 3 \times 8 \rangle\} \subseteq P(G_6^*)$
	U_6^*	$\{\langle 2 \times 4 \times 6 \rangle, \langle 3 \times 4 \times 4 \rangle, \langle 4 \times 5 \times 6 \rangle\} \subseteq P(U_6^*)$
	P_7^*	$\langle 1 \times 14 \times 14 \rangle, \langle 1 \times 12 \times 21 \rangle, \langle 3 \times 3 \times 7 \rangle \subseteq P(P_7^*)$

8.3 Überdeckung der Geraden. Wir schließen das Kapitel ab mit einem Satz, der die Überdeckung einer Geraden durch Intervalle betrifft. Man betrachte dazu eine unendliche Aneinanderfügung L von Einheitsquadraten und eine Konfiguration A bestehend aus zwei Einheitsquadraten, deren entsprechende Punkte drei Einheiten voneinander entfernt sind, die man sich aber durch einen unsichtbaren Griff fest verbunden denkt (Bild 68).

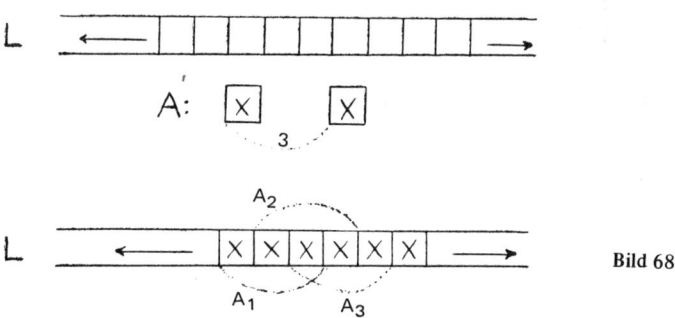

Bild 68

Die Aufgabe besteht jetzt darin, alle Zellen von L zu füllen, indem L durch nichtüberlappende Kopien von A überdeckt wird. Offensichtlich kann man drei Kopien von A (A_1, A_2, A_3) so zusammenpassen, daß sie ein Intervall von sechs Quadraten überdecken. Wiederholung dieses Vorganges liefert dann eine vollständige Überdeckung von L. Daher ist es – wie man jetzt ohne weiteres erkennt – ein triviales Ergebnis, daß Kopien einer beliebigen zweizelligen Konfiguration die „Gerade" L vollständig überdecken können. (In folgenden nehmen wir an, daß die Zellen einer Konfiguration durch ganzzahlige Abstände voneinander getrennt liegen.)

Im Bereich der dreizelligen Konfiguration ist es ebenfalls einfach L mit Kopien von A zu überdecken, wenn die Zellen von A voneinander „a" Einheiten entfernt sind (a Kopien bilden zusammen ein Intervall von 3a Zellen). (Vgl. Bild 69) Eine nicht „ausgewogene"

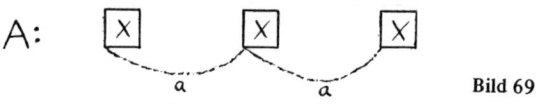

Bild 69

dreizellige Konfiguration ist aber wieder etwas ganz anderes. Wir betrachten dazu die Konfiguration A mit drei Zellen und Abständen a und b mit a < b. Natürlich dürfen wir die starre Anordnung drehen, um die Zellen in umgekehrter Reihenfolge zu erhalten. In dieser Lage bezeichnen wir die Konfiguration mit B (Bild 70). Die Aufgabe besteht jetzt darin, L mit Kopien von A und B zu überdecken. Dabei ist es überraschend, daß das immer möglich ist!

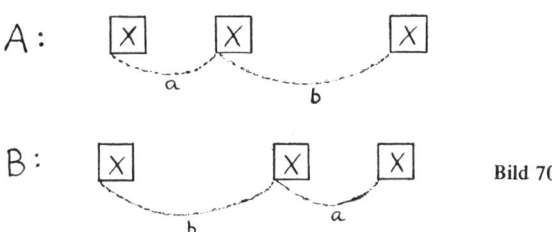

Bild 70

Satz: *Jede dreizellige Konfiguration führt zu einer Überdeckung der Geraden.*

Beweis: Wir wählen eine beliebige Zelle O auf L als Ausgangspunkt und zeigen, wie man die rechte Hälfte von L füllen kann. Wendet man dann die gleiche Vorgangsweise auf die linke Hälfte an, so hat man die Aufgabe abgeschlossen.

Die Vorgangsweise besteht darin, uns von O ausgehend L entlang nach rechts weiterzuarbeiten, indem wir Kopien A_1, A_2, ... von A aneinanderfügen, bis eine nicht mehr paßt. Das geht offensichtlich so lange, bis der Zwischenraum zwischen den beiden ersten Zellen von A_1 gefüllt ist (wobei das linke Ende von A_1 in O liegt). (Vgl. Bild 71.) Formal besteht die allgemeine Vorgangsweise darin, eine Kopie von A mit dem linken Ende in die erste ungefüllte Zelle rechts

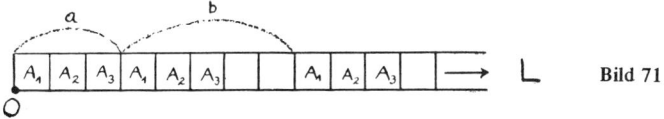

Bild 71

von O zu legen. Falls dann nach einer Anzahl von Schritten eine Kopie von A nicht passen sollte, verwenden wir statt dessen eine Kopie von B. Dadurch entsteht ein ununterbrochenes unendliches Intervall rechts von O. Der Satz ist daher bewiesen, wenn wir zeigen, daß B paßt, wenn A es nicht tut.

Wir haben schon gesehen, daß es beim Legen der ersten a Kopien von A keine Schwierigkeiten geben kann. Es sind also zumindest die ersten a + 1 Zellen voll, bevor wir auf B zurückgreifen müssen (diese a + 1 nebeneinander liegenden Zellen liegen in der ersten Lücke von A und deren Randzellen).

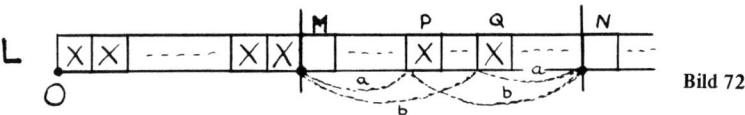

Bild 72

Nehmen wir nun an, daß — angekommen bei Zelle M — sowohl A als auch B nicht passen. Alle bis dahin plazierten Teile wurden so gelegt, daß deren Anfangszelle in der ersten leeren Zelle rechts von Q zu liegen kam. Da M sogar jetzt noch leer ist, liegen die Anfangszellen all dieser Teile links von M. Kein Teil kann daher bis zum Quadrat N reichen, das a + b Einheiten — die Länge eines Teils — rechts von M liegt, weswegen N und M beide leer sind.

Sie könnten daher als Plätze für die Enden von A oder B dienen. Da aber in M keiner dieser Teile paßt, muß der entsprechende Platz für das „Mittelstück" dieser Teile blockiert sein. Folglich sind die Zellen P und Q zwischen M und N (P a Einheiten von M, Q a Einheiten von N entfernt) besetzt; P, weil A nicht paßt und Q, weil B nicht paßt.

Weil Q rechts von M liegt, ist diese Zelle nicht von einem Anfangsstück eines Teils besetzt. Wäre es vom Mittelteil einer Kopie von B besetzt, dann würde das Ende in N liegen (Widerspruch); wäre das für den Mittelteil einer A-Kopie richtig, läge deren Endstück rechts von N (ebenfalls Widerspruch). Folglich liegt in Q das Endstück eines Teils.

Dafür kommt aber keine A-Kopie in Frage, weil deren Mittelstück dann in M läge, was nach der Annahme über M unmöglich ist.

Dort müßte daher eine B-Kopie liegen. Das Anfangsstück dieses Teils läge dann in einer Zelle T, die a Einheiten links von M liegt. Vor Einfügen von B müssen die Zellen T und Q leer gewesen sein, da das sonst nicht möglich wäre. M ist und bleibt leer. Daher würde in T − M − Q eine Kopie von A passen, weswegen es überhaupt nicht notwendig gewesen wäre, auf eine Kopie von B zurückzugreifen. Das widerspricht der Vorgangsweise, daß wir B verwenden wollten, erst dann, wenn A nicht paßt. Folglich paßt B in M − Q − N, ein Widerspruch, aus dem der Satz folgt. (Vgl. Bild 73.)

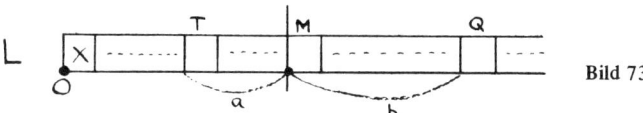

Bild 73

Es gilt jetzt, daß 3 der größte Wert von n ist, für den die Aussage „Jede n-zellige Konfiguration liefert eine Überdeckung der Geraden" richtig ist. Ist nämlich n > 3, so kann man offensichtlich mit der n-zelligen Konfiguration, bestehend aus zwei Intervallen der Länge 2 und n − 2 und einem Lock der Länge 1 dazwischen, die Gerade nicht überdecken (Bild 74).

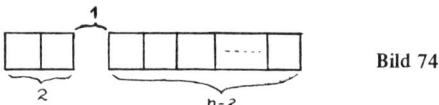

Bild 74

Der Aufgabe, die Gerade in der eben geschilderten Art zu überdecken, entspricht im Zweidimensionalen die Aufgabe, Überdeckungen der Ebene aus Bildern einer Konfiguration miteinander fest verbundener Einheitsquadrate herzustellen. Die sechszellige Anordnung A aus Bild 75 kann offensichtlich zu keiner Überdeckung führen. Die

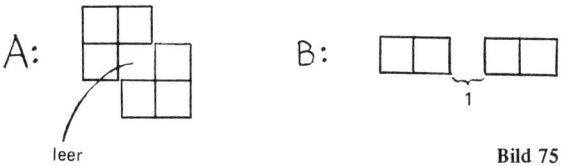

Bild 75

vierzellige Anordnung B aber löst diese Aufgabe (Vgl. Übung (8.5)). Don Coppersmith, ein Mathematiker bei IBM, behauptet, daß jede vierzellige Konfiguration zu einer Überdeckung verwendet werden kann. Man vermutet, daß das für fünfzellige Konfigurationen ebenfalls richtig ist. Es gilt der folgende allgemeine Satz:

Falls jede k-zellige Konfiguration im n-dimensionalen Raum zu einer Überdeckung des n-dimensionalen Raumes führt, dann führt für m > n ebenfalls jede k-zellige Konfiguration im m-dimensionalen Raum zu einer Überdeckung dieses Raumes.

Unser Satz über dreizellige Überdeckungen der Geraden gilt daher für alle Dimensionen; das gilt auch für das Ergebnis von Coppersmith (für m > 1). Folglich kann man aus Kopien jeder möglichen Anordnung von 4 Einheitswürfeln eine Überdeckung des ganzen dreidimensionalen Raumes gewinnen!

Übungen zu Kapitel 8

(8.1) Man weiß, daß die Pentominos alle in Bild 76 gezeigten Gebiete überdecken (schwarze Bereiche zeigen Bereiche an, die leer bleiben sollen). Bestimme eine Überdeckung jedes dieser Gebiete.

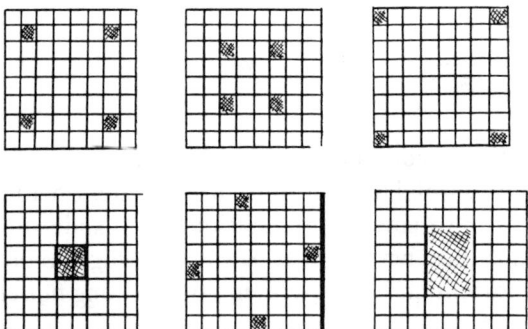

Bild 76

(8.2) Beweise die Existenz von unendlich vielen, paarweise verschiedenen, geraden (ungeraden) Polyominos.

(8.3) Beweise den Satz von Klarner: *Ein a × b-Rechteck ist mit 1 × n-Streifen überdeckbar genau dann, wenn n ein Teiler von a oder ein Teiler von b ist.* Beweise damit den im Text angeführten Satz, der als Korollar aus diesem Satz folgt (Seite 61).

(8.4) Löse das Klarnersche Puzzle, das darin besteht, aus 25 Y-Pentawürfeln einen 5 × 5 × 5-Würfel zu bauen.

(8.5) Bestimme eine Vorgangsweise zum Pflastern der Ebene mit Kopien von

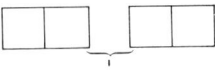

(8.6) Versuche, eine fünfzellige Anordnung zu finden, die zu keiner Überdeckung der Ebene führt, oder eine 8-zellige Anordnung, die zu keiner Überdeckung des dreidimensionalen Raumes führt. Das sind noch offene Probleme.

Literaturangaben

[1] N. G. de Bruijn, Filling boxes with bricks, Amer. Math. Monthly, 76 (1969) 37–40.
[2] D. A. Klarner, Packing a rectangle with congruent n-ominoes, J. Combinatorial Theory, 7 (1969) 107–115.
[3] D. A. Klarner and F. Gobel, Packing boxes with congruent figures, Indag. Math., 31 (1969) 465–472.
[4] J. Slothouber and W. Graatsma, Cubics, Octopus Press, Deventer, The Netherlands, 1970.
[5] G. Katona and D. Szasz, Matching problems, J. Combinatorial Theory, Series B, 10 (1971) 60–92.
[6] S. W. Golomb, Polyominoes, Scribners, New York, 1965.
[7] D. W. Walkup, Covering a rectangle with T-tetrominoes, Amer. Math. Monthly, 72 (1965) 986–988.
[8] C. J. Bouwkamp and D. A. Klarner, Packing a box with Y-pentacubes, J. Recreational Math., 1973.
[9] D. A. Klarner and M. L. J. Hautus, Uniformly coloured stained-glass windows, Proc. London Math. Soc., Third Series, 23 (1971) 613–628.
[10] D. A. Klarner, A packing theory, J. Combinatorial Theory, 8 (1970) 273–278.
[11] M. Gardner, Mathematical games, Scientific American, 214 (1966) 115.

9 Ein Satz von Bang und das gleichschenklige Tetraeder

9.1 In der Raumgeometrie ist das Tetraeder so wichtig wie das Dreieck in der ebenen Geometrie. Dennoch sind viele elementare Eigenschaften des Tetraeders ziemlich unbekannt. Oft ist die Raumgeometrie viel komplizierter als die ebene Geometrie, weil es ohne Zweifel viel schwieriger ist, sich Bilder von der räumlichen Lage von Objekten zueinander zu verschaffen und diese auch festzuhalten. Ebene Figuren kann man sich viel leichter vorstellen und viel leichter miteinander vergleichen. Daher benötigt man im allgemeinen zum Betreiben der räumlichen Geometrie besondere Anreize, weswegen ich nun schnell ankündige, daß die nun folgende Geschichte aus diesem Bereich unser räumliches Vorstellungsvermögen nicht überfordern wird.

9.2 Eine besondere Art von Tetraeder, die in vielen Zusammenhängen auftritt, ist das gleichschenklige Tetraeder. Ein Tetraeder ABCD (Bild 77) ist genau dann gleichschenklig, wenn je zwei einander gegenüberliegende Seiten gleich lang sind — AB = CD, AC = BD und AD = BC. Daraus folgt sofort, daß die Seitenflächen eines gleichschenkligen Tetraeders untereinander kongruente Dreiecke sind, die dann natürlich auch den selben Umfang und die selbe Fläche haben. Zwei Hauptthemen sind im folgenden hübsche Beweise für die doch etwas überraschenden Umkehrsätze:

Haben alle Seitenflächen eines Tetraeders denselben Umfang oder denselben Flächeninhalt, dann sind sie notwendigerweise zueinander kongruent.

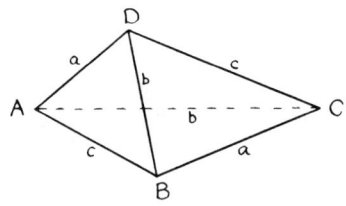

Bild 77

Wir werden zeigen, daß gleicher Umfang oder gleiche Fläche bedingt, daß das Tetraeder gleichschenklig ist, woraus dann der Satz folgt.

Der Satz, der den Umfang betrifft, ist ganz schnell zu zeigen, während der die Fläche betreffende Satz aus einem Satz von Bang folgt.

9.3 Satz: *Haben alle Seitenflächen eines Tetraeders denselben Umfang, so sind sie zueinander kongruent.*

Beweis: Die Längen der Paare gegenüberliegender Seiten seien a und a', b und b', sowie c und c' (Bild 78). Aus der Voraussetzung über den Umfang folgt

$$a + b + c = a + b' + c' = a' + b + c' = a' + b' + c. \qquad (*)$$

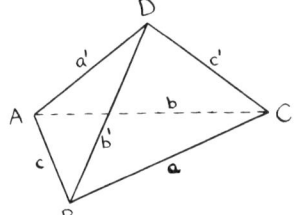

Bild 78

Kürzt man a im ersten Teil und a' im zweiten Teil dieser Gleichungskette, so erhält man

$$b + c = b' + c' \quad \text{und} \quad b + c' = b' + c.$$

Aus der ersten Gleichung folgt $b - b' = c' - c$ und aus der zweiten $b - b' = c - c'$. Insgesamt also $c' - c = c - c'$ oder $c = c'$. Daraus wiederum ergibt sich $b = b'$ und $a = a'$. Folglich ist ABCD ein gleichschenkliges Tetraeder. Für künftige Anwendungen merken wir an, daß für a, b, c, a', b', c', die die Gleichung (*) erfüllen, paarweise Gleichheit gilt:

$$a = a', \; b = b', \; c = c'.$$

9.4 Manchmal ist es möglich und gewinnbringend, eine Aufgabe der Raumgeometrie auf eine in der Ebene zurückzuführen. Als Beispiel diene der einfache Beweis, der folgenden Aussage.

Ein Tetraeder ist gleichschenklig genau dann, wenn in jeder Ecke die Summe der Winkel der dort zusammentreffenden Seitenflächen 180° beträgt.

Man stelle sich das Tetraeder hohl vor und schneide es entlang der von einer Ecke (sagen wir D) ausgehenden Kanten auf, wonach die Figur dann in die Ebene des Dreiecks ABC geklappt wird (Bild 79). Dabei erhält man ein Sechseck $D_1 A D_2 C D_3 B$. Wenn aber die Winkelsumme in jeder Ecke 180° Grad ist, sind die Winkel in den Ecken A, B, C des Sechsecks gestreckt. Als Ergebnis kommt man zu einem Dreieck $D_1 D_2 D_3$, in dem A, B und C Mittelpunkte entsprechender Seiten sind. Es gilt also $AB = \frac{1}{2} D_2 D_3 = D_2 C = DC$. Die einander gegenüberliegenden Seiten AB und DC im Tetraeder sind daher gleich. Das gilt auch für die beiden anderen Seitenpaare, weswegen das Tetraeder gleichschenklig ist. Umgekehrt haben wir schon erkannt, daß ein gleichschenkliges Tetraeder kongruente Seitenflächen besitzt. Deshalb treten die Flächenwinkel, die in einer Ecke zusammentreffen, als Winkel des gegenüberliegenden Dreiecks auf. Ihre Summe ist daher 180° (Bild 80).

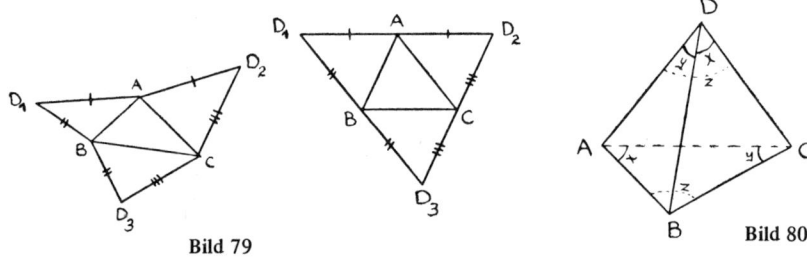

Bild 79 **Bild 80**

Im Frühjahr 1972 wetteiferten 100 der besten amerikanischen High-School-Studenten miteinander bei der ersten Mathematischen Olympiade in den USA. Die zweite der dort gestellten fünf Aufgaben bestand darin, zu beweisen, daß alle Seitenflächen eines gleichschenkligen Tetraeders nur spitze Winkel in den Ecken haben. Wie wir gesehen haben, ist die Winkelsumme der Winkel der in einer Ecke zusammentreffenden Seitenflächen durch 180° gegeben. Jedes einführende Lehrbuch der Raumgeometrie enthält den bekannten Satz, daß die Summe der Winkel zweier in einer Ecke zusammenlaufenden Seitenflächen in dieser Ecke den dritten Winkel in derselben Ecke auf der entsprechenden dritten Seite an Größe übertrifft. Deswegen kann keiner der drei Flächenwinkel — mit Winkelsumme $180°-90°$ erreichen. Umgekehrt aber müssen spitzwinklige Seitenflächen nicht bedeuten, daß das entsprechende Tetraeder gleichschenklig ist.

9.5 Als nächstes wenden wir uns einem Satz zu, der von Bang 1897 vermutet und im selben Jahr von Gehrke bewiesen wurde.

Satz von Bang: *Einem gegebenen Tetraeder sei eine Kugel eingeschrieben. Zieht man dann vom Berührungspunkt dieser eingeschriebenen Kugel mit einer Seitenfläche Geraden zu den entsprechenden Ecken, so sind die drei sich im Berührungspunkt bildenden Winkel für jede Seitenfläche dieselben.*

Beweis: Wir klappen das Tetraeder wie vorhin in eine Ebene. X, Y bezeichnen die Berührungspunkte der Flächen ABC und ACD mit der eingeschriebenen Kugel (Bild 81). Weil alle von einem festen Punkt aus an eine Kugel gelegte Tangenten gleich lange Tangentenabschnitte liefern, gilt $AX = AY$ und $CX = CY$. Weil außerdem die Dreiecke AXC und AYC die Seite AC gemeinsam haben, müssen sie zueinander kongruent sein. Folglich sind die der Seite AC gegenüberliegenden Winkel AXC und AYC gleich. Ähnliche Überlegungen für die übrigen Kanten von ABCD führen zur Existenz von sechs Paaren gleichgroßer Winkel, die mit a, b, c, a', b', c' bezeichnet werden (Bild 82). In den Berührungspunkten gilt

$$360° = a + b + c = a + b' + c' = a' + b + c = a' + b' + c.$$

Aus der Beziehung (*) folgt also $a = a'$, $b = b'$ und $c = c'$, woraus sich der Satz ergibt.

9.6 Nun sind wir in der Lage, den noch ausständigen Teil des Satzes zu beweisen:
Wenn alle Seitenflächen eines Tetraeders den gleichen Flächeninhalt haben, dann sind sie untereinander kongruent.

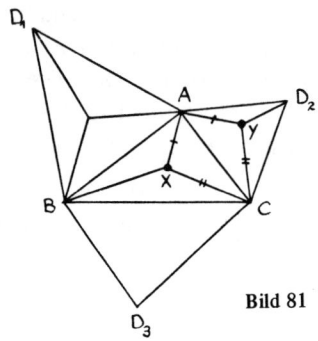 Bild 81

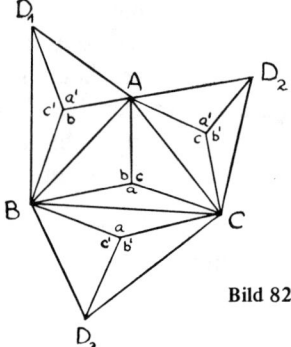 Bild 82

Beweis: Anstatt wie im Beweis des Satzes von Bang mit a, b, c, a′, b′, c′ Winkel zu bezeichnen, verwenden wir diese Bezeichnungen jetzt als Bezeichnungen der Fläche der kleinen Dreiecke, in denen sie stehen (Bild 82). Das ist zulässig, da zwei Dreiecke, die das gleiche Symbol enthalten, sogar kongruent zueinander sind. Weil nach Voraussetzung die Seitenflächen gleichen Flächeninhalt haben, erhalten wir

$$a + b + c = a + b' + c' = a' + b + c' = a' + b' + c.$$

Wieder ergibt sich aus (*) $a = a'$, $b = b'$ und $c = c'$. Die zwölf kleinen Dreiecke bilden also drei Mengen von je vier gleichen Dreiecken. Nun sollen A, B, C, D nicht nur die Punkte sondern auch die Längen der Tangentenabschnitte von A, B, C, D an die eingeschriebene Kugel bezeichnen. Aus der Flächengleichheit der Dreiecke, die die Winkel a und a′ enthalten, folgt

$$\frac{1}{2} \cdot B \cdot C \cdot \sin a = \frac{1}{2} \cdot A \cdot D \cdot \sin a'.$$

(Die Fläche eines Dreiecks mit Seiten x und y und eingeschlossenem Winkel Θ ist durch $\frac{1}{2} xy \sin \Theta$ gegeben.) Weil die Winkel a und a′ übereinstimmen, vereinfacht sich das zu

$$B \cdot C = A \cdot D.$$

Die beiden anderen Dreiecksmengen ergeben durch ähnliche Überlegungen die Gleichungen $A \cdot B = C \cdot D$ und $A \cdot C = B \cdot D$. Daher gilt

$$\frac{A \cdot B}{B \cdot C} = \frac{C \cdot D}{A \cdot D}, \quad \text{oder} \quad \frac{A}{C} = \frac{C}{A}, \quad A^2 = C^2,$$

woraus, weil A und C positiv sind, $A = C$ folgt. Aus $B \cdot C = A \cdot D$ ergibt sich sodann $B = D$. Schließlich gilt $A^2 = B^2$ — wegen $A \cdot C = B \cdot D$ — und $A = B$. Abschließend erhält man daher

$$A = B = C = D.$$

Aus der Gleichheit dieser Tangentenabschnitte folgt die Kongruenz der kleinen Dreiecke, die die Winkel a und a' enthalten (SWS-Satz). Den gleichen Winkel a und a' liegen also gleiche Seiten gegenüber, woraus folgt, daß ein Paar von einander gegenüberliegenden Kanten (AD und BC) gleich ist. Ähnlich geht man für die beiden anderen Paare vor und erhält, daß das Tetraeder gleichschenklig ist.

9.7 Den Abschluß bildet der Satz, daß *ein Tetraeder gleichschenklig ist genau dann, wenn seine ein- und seine umgeschriebene Kugel konzentrisch liegen.*

Die Kugeln seien konzentrisch, I(R) bezeichne die Umkugel (I der Mittelpunkt, R der Radius) und I(r) die Inkugel. Der Schnitt einer Ebene mit einer Kugel liefert einen Kreis als Schnittlinie, die die Kugel in zwei Segmente zerlegt. Weil die betrachteten Kugeln konzentrisch liegen, schneidet die Ebene einer Seitenfläche aus der Umkugel ein Segment der Höhe $R - r$ aus, unabhängig von der jeweiligen Seitenfläche. Daher sind die entsprechenden Schnittkreise gleich groß. Das bedeutet einfach, daß die Umkreise der begrenzenden Dreiecke des Tetraeders gleich sind. Weil eine Kante des Tetraeders zwei Flächen gemeinsam ist, bildet sie eine Sehne in zweien dieser gleichgroßen Kreise (Bild 83).

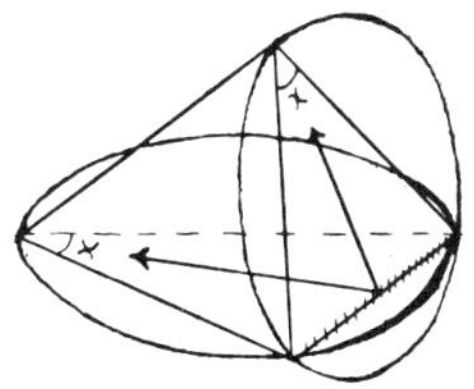

Bild 83

Folglich sind die Winkel in den Ecken des Tetraeders, die dieser Kante gegenüberliegen, einander gleich. Das heißt, daß die Flächenwinkel in einer Ecke gleich groß sind wie die Winkel in der gegenüberliegenden Seitenfläche. Deshalb haben sie als Winkelsumme 180°. Aus dem vorigen Satz folgt also, daß das Tetraeder gleichschenklig ist.

Umgekehrt haben die kongruenten Seitenflächen gleichen Flächeninhalt. Aus dem gerade vorher bewiesenen Satz folgt, daß die Länge t eines Tangentenabschnittes von einer Ecke an die Inkugel I(r) für alle Ecken gleich ist. Nach dem Pythagoräischen Lehrsatz ist der Abstand von I zu jeder Ecke durch $\sqrt{r^2 + t^2}$ gegeben. Folglich geht die Kugel I($\sqrt{r^2 + t^2}$) durch alle Ecken und ist deshalb die Umkugel. I ist also Mittelpunkt von In- und Umkugel, woraus der Satz folgt. (Bild 84.)

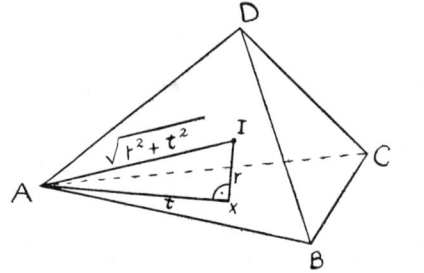

Bild 84

Übungen zu Kapitel 9

(9.1) ABCD sei ein reguläres Tetraeder und P, Q zwei innere Punkte dieses Tetraeders. Beweise, daß ∡ PAQ < 60° gilt. (Das ist Problem # 1 der zweiten Mathematischen Olympiade in den USA, 1973.)

Literaturangaben

[1] B. H. Brown, Theorem of Bang; Isosceles Tetrahedra; Amer. Math. Monthly, 33 (1926) 224.

10 Eine interessante Reihe

10.1 Es muß eine der großen Überraschungen in der Mathematik gewesen sein zu entdecken, daß die harmonische Reihe divergiert. Das erkennt man schnell und einfach auf folgende Weise

$$1 + \frac{1}{2} + \frac{1}{3} + \frac{1}{4} + \frac{1}{5} + \frac{1}{6} + \frac{1}{7} + \frac{1}{8} + \ldots + \frac{1}{n} + \ldots$$

$$= \left(1 + \frac{1}{2} + \frac{1}{3} + \ldots + \frac{1}{9}\right) + \left(\frac{1}{10} + \frac{1}{11} + \ldots + \frac{1}{99}\right)$$

$$+ \left(\frac{1}{100} + \frac{1}{101} + \ldots + \frac{1}{999}\right) + \ldots$$

$$> \left(\frac{1}{10} + \frac{1}{10} + \ldots + \frac{1}{10}\right) + \left(\frac{1}{100} + \frac{1}{100} + \ldots + \frac{1}{100}\right)$$

$$+ \left(\frac{1}{1000} + \frac{1}{1000} + \ldots + \frac{1}{1000}\right) + \ldots$$

$$= \frac{9}{10} + \frac{90}{100} + \frac{900}{1000} + \ldots$$

$$= \frac{9}{10} + \frac{9}{10} + \frac{9}{10} + \ldots .$$

In dieser Reihe gibt es zu jeder natürlichen Zahl n ein Reihenglied. Streicht man alle Glieder der Reihe mit zusammengesetztem Nenner, kommt man zu einer drastischen Einschränkung, die entstehende Reihe ist

$$1 + \frac{1}{2} + \frac{1}{3} + \frac{1}{5} + \frac{1}{7} + \frac{1}{11} + \ldots,$$

die außer 1 nur die Reziprokwerte aller Primzahlen enthält. Es muß eine zweite Überraschung gewesen sein zu erkennen, daß sogar diese ernsthaft verdünnte Reihe immer noch divergent ist. (Ein interessanter

Beweis dafür findet sich in meinem kleinen Buch *Ingenuity in Mathematics*, Vol. 23, *New Mathematical Library*, Mathematical Association of America.) In diesem kurzen Kapitel richtet sich unser Interesse auf die Reihe, die man aus der harmonischen durch Weglassen aller Terme erhält, in denen die Ziffer 9 vorkommt:

$$1 + \frac{1}{2} + \ldots + \frac{1}{8} + \frac{1}{10} + \ldots + \frac{1}{18} + \frac{1}{20}$$
$$+ \ldots + \frac{1}{88} + \frac{1}{100} + \ldots + \frac{1}{108} + \frac{1}{110} + \ldots .$$

Weil es scheint, daß bei dieser Reduktion mehr Terme übrigbleiben als bei der vorhergehenden Verdünnung der harmonischen Reihe, haben wir eine dritte Überraschung vor uns, denn diese Reihe konvergiert. Der Beweis wurde von A. J. Kempner von der University of Illinois im Jahre 1914 gegeben. Er besteht in einer hübschen Anwendung der Induktion.

Als erstes kann man die Potenzen von 10 zur Einteilung der Reihenglieder in Gruppen verwenden wie folgt:

$$\left(1 + \frac{1}{2} + \ldots + \frac{1}{8}\right) + \left(\frac{1}{10} + \ldots + \frac{1}{88}\right)$$
$$+ \left(\frac{1}{100} + \ldots + \frac{1}{888}\right) + \ldots .$$

Bezeichnet man die Summe der n-ten Gruppe mit a_n, so schreiben wir die Reihe als

$$a_1 + a_2 + \ldots + a_n + \ldots .$$

Der erste und größte Bruch in der Gruppe a_n ist $1/10^{n-1}$. Wir zeigen, daß es in der Gruppe a_n weniger als 9^n Brüche gibt, woraus folgt, daß der Wert von a_n kleiner als $9^n/10^{n-1}$ ist. Das wiederum läßt unmittelbar die Konvergenz der Reihe erkennen.

Unmittelbares Vergleichen zeigt, daß es 8 Brüche in a_1 gibt und 72 in a_2. Die Behauptung ist also für n = 1, 2 richtig. Als Induktionsvoraussetzung gelte nun, daß für k = 1, 2, ..., m die Gruppe a_k weniger als 9^k Terme enthält. Dann betrachtet man die Gruppe a_{n+1}. Diese Gruppe enthält $1/10^{n+1}$. Da die Brüche als Zähler 1 haben, arbeiten wir mit den Nennern alleine weiter. Der Bereich von 0 bis 10^{n+1} ist zehn Mal so groß wie der Bereich von 0 bis 10^n. Zwischen 10^n und 10^{n+1} liegen also 9 Intervalle einer der Größe des Intervalls zwischen 0 und 10^n entsprechenden Ausdehnung. Wir markieren sie durch die Zahlen $10^n, 2 \cdot 10^n, \ldots, 9 \cdot 10^n$.

$$\underset{0}{\bullet\cdots\cdots}\underbrace{\overset{10^n\ 2\cdot 10^n\ 3\cdot 10^n\ 4\cdot 10^n\ \ldots\ 8\cdot 10^n\ 9\cdot 10^n\ 10^{n+1}}{\rule{8cm}{0.4pt}}}_{\text{der } a_{n+1}\text{-Bereich}}$$

Weil alle Zahlen des letzten Abschnittes ($9 \cdot 10^n$ bis 10^n) mit 9 anfangen, kommen die entsprechenden Brüche in der Reihe nicht vor. Folglich müssen wir die Anzahl der übrigbleibenden Nenner in den ersten 8 Abschnitten zwischen 10^n und $9 \cdot 10^n$ bestimmen. In jedem dieser Abschnitte entsprechen die gestrichenen Nenner genau denen, die im Bereich von 0 bis 10^n gestrichen worden sind. Klarerweise gilt nämlich, daß die Nenner $1xy\ldots z, 2xy\ldots z, \ldots, 8xy\ldots z$ in den Abschnitten von 10^n bis $2 \cdot 10^n$, $2 \cdot 10^n$ bis $3 \cdot 10^n$, $\ldots$ und $8 \cdot 10^n$ bis $9 \cdot 10^n$ gestrichen werden, wenn der Nenner $xy\ldots z$ im Abschnitt 0 bis 10^n gestrichen wird (enthält $xy\ldots z$ eine Ziffer 9, dann auch jene Nenner). Wird $xy\ldots z$ in diesem Abschnitt (0 bis 10^n) nicht gestrichen, dann enthalten die entsprechenden Nenner in den anderen Abschnitten ebenfalls keine 9 und werden deshalb auch nicht gestrichen. Die Anzahl der nicht gestrichenen Terme in jedem dieser acht Abschnitte ist also so groß wie die Anzahl der nicht gestrichenen Terme in Abschnitt von 0 bis 10^n. Wenn wir auch die genaue Anzahl nicht angeben können, so können wir doch aufgrund der Induktionsvoraussetzung sagen, daß diese Zahl *kleiner* ist als

$$9 + 9^2 + \ldots + 9^m$$

(*kleiner* als 9 für a_1, kleiner als 9^2 für a_2 usw.). Folglich ist die Anzahl der Brüche in a_{n+1} kleiner als

$$8(9 + 9^2 + \ldots + 9^n) = 8 \cdot \frac{9(9^n - 1)}{9 - 1} = 9^{n+1} - 9 < 9^{n+1}.$$

Es ist damit also durch Induktion gezeigt, daß a_k weniger als 9^k Brüche enthält für alle $k = 1, 2, 3, \ldots$

Folglich gilt $a_n < 9^n/10^{n-1}$, was für die Summe der in Frage stehenden Reihe bedeutet, daß sie kleiner ist als

$$\frac{9}{10^0} + \frac{9^2}{10} + \frac{9^3}{10^2} + \ldots + \frac{9^n}{10^{n-1}} + \ldots = \frac{9}{1-\frac{9}{10}} = 90.$$

Die Reihe ist folglich konvergent.

Mit demselben Beweis kann man zeigen, daß die Reihen, die aus der harmonischen durch Streichen aller Brüche entstehen, deren Nenner eine Ziffer 8, 7, ... oder 1 enthält, ebenfalls konvergieren. Eine kleine Umänderung im Beweis liefert das entsprechende Ergebnis für den Fall der Ziffer 0. In allen Fällen aber konvergiert die Reihe. (Vgl. Hardy [4].)

Die Anzahl der in a_n verbleibenden Brüche ist — wie wir erkannt haben — kleiner als 9^n; die Gesamtanzahl in den Gruppen $a_1, a_2, \ldots, a_n$ war kleiner als $9 + 9^2 + \ldots + 9^n = 9(9^n - 1)/(9 - 1)$. Diese Ausdrücke zählen alle Nenner kleiner als 10^{n+1}. Für diese $10^{n+1} - 1$ Nenner ist die Anzahl der gestrichenen deshalb *größer* als $10^{n+1} - 1 - 9(9^n - 1)/(9 - 1)$. Das bedeutet

$$\frac{\text{Anzahl der natürlichen Zahlen} < 10^{n+1} \text{ ohne die Ziffer 9}}{\text{Anzahl der natürlichen Zahlen} < 10^{n+1} \text{ mit der Ziffer 9}} <$$

$$< \frac{\frac{9(9^n - 1)}{9 - 1}}{10^{n+1} - 1 - \frac{9(9^n - 1)}{9 - 1}} = \frac{9(9^n - 1)}{8(10^{n+1} - 1) - 9(9^n - 1)}$$

$$< \frac{9(9^n)}{8[9(\underbrace{11 \ldots 1}_{n+1 \text{ Stellen}})] - 9(9^n - 1)} < \frac{9^n}{8(10^n) - (9^n - 1)} <$$

$$< \frac{9^n}{8 \cdot 10^n - 9^n} = \frac{1}{8\left(\frac{10}{9}\right)^n - 1}.$$

Für $n \to \infty$ konvergiert dieser Bruch gegen 0. Folglich enthalten in einem „großen" Abschnitt natürlicher Zahlen von 0 bis n „fast alle" Zahlen die Ziffer 9. In der Gesamtheit der natürlichen Zahlen ist dann die Wahrscheinlichkeit dafür 0, daß eine zufällig ausgewählte Zahl keine Ziffer 9 enthält. Das kann man auch für die Ziffern 0, 1, 2, ..., 8 sagen. Wir können daraus die Schlußfolgerung ziehen, daß eine zufällig gewählte natürliche Zahl fast sicher jede der Ziffern 0 bis 9 mindestens einmal enthält. Das ist nicht überraschend, wenn man berücksichtigt, daß die „natürlichen" Zahlen Millionen von Stellen haben. Im Alltag gehen wir mit Zahlen kleiner Stellenzahl um, weswegen wir manchmal verblüfft sind von Ergebnissen, die man bei zufälligen Auswahlen aus ausgedehnten Bereichen erhält.

10.2 Partialsummen der harmonischen Reihe

Die harmonische Reihe wächst — obwohl divergent — sehr langsam. Die Frage nach der Minimalzahl von Gliedern, die man benötigt, um eine Partialsumme zu bekommen, die einen festen Wert übersteigt, würde von verschiedenen Mathematikern aufgegriffen. Zum Beispiel ist die Summe der ersten 250 Millionen Glieder kleiner als 20. Um über 100 zu kommen, muß man mehr als $15 \cdot 10^{42}$ Terme addieren. (Man vergleiche mit der Arbeit von Boas und Wrench [3].) A. D. Wadhwa [5] hat gezeigt, daß die Summe S der konvergenten Reihe, die man durch Weglassen aller Terme, die die Ziffer 0 enthalten, erhält, zwischen 20,2 und 28,3 liegt. Aber schon vor 60 Jahren gab Frank Irwin die besseren Schranken $22,4 < S < 23,3$ an; kürzlich zeigte Ralph Boas, daß $S = 23,10345$ auf fünf Dezimalen genau ist.

Das Thema scheint noch lange nicht erschöpft; es gibt nämlich noch viele Abwandlungen zu betrachten. Welche Art von Reihe ergibt sich zum Beispiel, wenn man alle Glieder, die eine ungerade Ziffer enthalten, wegläßt?

Übungen zu Kapitel 10

(10.1) S bezeichne die Summe all der Glieder in der harmonischen Reihe, die man durch Streichen der Glieder, deren Nenner eine *gerade* Ziffer enthält, erhält. Beweise $S < 7$.

(10.2) Beweise indirekt, daß die harmonische Reihe divergiert, dadurch, daß man aus $S = 1 + \frac{1}{2} + \frac{1}{3} + \ldots + \frac{1}{n} + \ldots < \infty$ den Widerspruch $S > S$ ableitet.

(10.3) Zeige $e^N > n + 1$ für $N = 1 + \frac{1}{2} + \frac{1}{3} + \ldots + \frac{1}{n}$.

(10.4) Beweise, daß $1 + \frac{1}{2} + \ldots + \frac{1}{n}$ nie ganzzahlig ist.

Literaturangaben

[1] A. J. Kempner, A curious convergent series, Amer. Math. Monthly, 21 (1914) 48.
[2] Frank Irwin, A curious convergent series, Amer. Math. Monthly, 23 (1916) 149.
[3] R. P. Boas and J. W. Wrench, Partial sums of the harmonic series, Amer. Math. Monthly, 78 (1971) 864.
[4] G. H. Hardy and E. M. Wright, An Introduction To The Theory of Numbers, Oxford, New York, p. 120.
[5] A. D. Wadhwa, An interesting subseries of the harmonic series, Amer. Math. Monthly, 82 (1975) 931.

11 Chvátals Satz von der Kunstgalerie

Bei einer Tagung in Stanford im August 1973 fragte Victor Klee den begabten jungen technischen Mathematiker Václav Chvátal (University of Montreal), ob er schon über ein bestimmtes Problem über die Bewachung der Gemälde in einer Kunstgalerie nachgedacht hätte. Die verschlungene Anordnung der Räume in Museen und Galerien mit allen Arten von Nischen und Ecken macht es nicht leicht, alle Wände zu bewachen. Die Frage ist die nach der Bestimmung der kleinsten Anzahl von Wächtern, die man braucht, um das ganze Gebäude bewachen zu können. Die Wächter dürfen dabei ihren Platz nicht verlassen, sie dürfen sich aber umdrehen. Von den Wänden nimmt man an, daß sie gerade sind. Nach kurzer Zeit schon war Chvátal die ganze Angelegenheit klar. Er zeigte, daß für Galerien mit n Wänden in beliebiger Anordnung − wenn also der Grundriß ein n-Eck ist ist − die Minimalzahl von Wächtern nie [n/3], den ganzzahligen Anteil von n/3 übersteigt (Bild 85). Der Beweis ist nicht schwer.

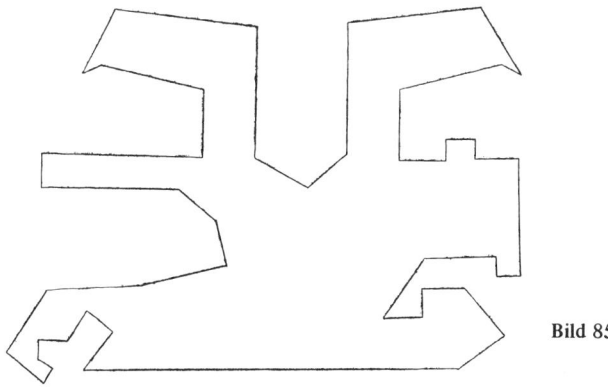

Bild 85

Beweis: Zuerst trianguliert man die Galerie durch einander nicht schneidende innere Diagonalen. Es ist dabei nicht ungewöhnlich, wenn mehrere Dreiecke in einer Ecke zusammentreffen und einen „Fächer" bilden. Offensichtlich überblickt ein im Zentrum des Fächers (d. h. in der Ecke, in der die Diagonalen zusammenlaufen) postierter Wächter alle Wände des Fächers. Im allgemeinen wird es viele Möglichkeiten geben, die Dreiecke zu Fächern zusammenzufassen (ein Dreieck ABC kann aufgefaßt werden als Fächer mit Zentrum A, B oder C). Chvátal zeigt, daß — welche Triangulierung man auch verwendet — diese in m Fächer zerlegt werden kann, wobei m die Zahl [n/3] nicht zu übersteigen braucht. Daher wird man nicht mehr als [n/3] Wächter brauchen. Aus Bild 86 entnimmt man aber, daß einige Fälle wirklich mindestens [n/3] Wächter beanspruchen. (Zu jeder „Spitze" gibt es drei zugehörige Kanten, und jede Spitze fordert einen Wächter.) Deshalb ist [n/3] eine bestmögliche Schranke.

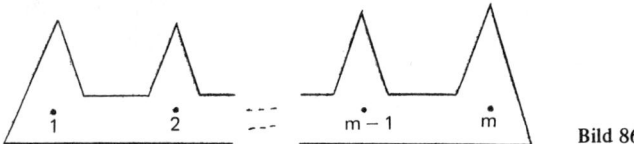

Bild 86

Der Beweis dafür, daß m ⩽ [n/3] gilt, wird mit Induktion geführt. Für n = 3, 4 oder 5 ist jede Triangulierung selbst schon ein Fächer (Bild 87). Diese n erfüllen [n/3] = 1, deshalb ist das Ergebnis für diese Werte von n richtig.

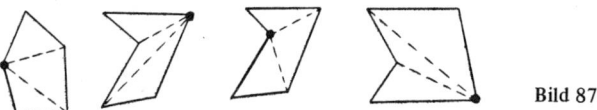

Bild 87

Als Induktionsannahme verwenden wir, daß die Aussage: *„Ein trianguliertes k-Eck kann in m Fächer zerlegt werden, wobei m ⩽ [k/3] gilt."* gültig ist für k = 3, 4, ..., n − 1 mit n ⩾ 6. Jetzt betrachten wir eine triangulierte Galerie mit n Seiten.

Besteht die Triangulierung wieder nur aus einem Fächer, so sind wir fertig. Nach Induktionsvoraussetzung braucht die Fächerzahl in einem triangulierten (n − 3)-Eck nicht größer zu sein als

$$\left[\frac{n-3}{3}\right] = \left[\frac{n}{3} - 1\right] = \left[\frac{n}{3}\right] - 1$$

(für eine ganze Zahl q gilt die Beziehung [a + q] = [a] + q). Analog gilt, daß die Fächerzahl in einem triangulierten (n − 4)-Eck nicht größer zu sein braucht als

$$\left[\frac{n-4}{3}\right] \leq \left[\frac{n-3}{3}\right] = \left[\frac{n}{3}\right] - 1.$$

Chvátal zeigt nun, daß es in jeder Triangulierung entweder ein trianguliertes (n − 3)-Eck oder ein (n − 4)-Eck mit einer entsprechenden Fächerzahl ⩽ [n/3] − 1 gibt, das Anlaß gibt zu einer Triangulierung des n-Ecks mit nicht mehr als höchstens einem zusätzlichen Fächer. Daraus folgt dann, das die Gesamtfächerzahl für das n-Eck nicht größer als [$\frac{n}{3}$] sein muß.

Der Beweis geschieht durch Auswahl einer besonderen Diagonale d wie folgt. Jede Diagonale bewirkt eine Einteilung der Seiten in zwei Klassen; die Seiten links von der Diagonale und die rechts davon. Jede Diagonale, die auf einer Seite genau 4 Seiten liegen hat, kann als d genommen werden. Gibt es keine Diagonale mit dieser Eigenschaft, dann nimmt man eine, die auf einer Seite genau fünf Seiten abschneidet. Gibt es keine solche, dann nimmt man eine mit genau sechs Seiten auf einer Seite. So fortfahrend kommt man also zu einer Diagonale d, die k ⩾ 4 Seiten abschneidet, wobei aber keine Diagonale 4, 5, ... oder k − 1 Seiten abschneidet. Jede Triangulierung enthält zumindest eine Diagonale, die mehr als drei Seiten abschneidet. Um weniger als vier Seiten der Galerie auf jeder Seite der Diagonale zu haben, darf die Gesamtzahl nicht größer sein als 3 + 3 = 6. Sogar in einem Sechseck aber schneiden zwei der drei Diagonalen in der Triangulierung vier Seiten ab (Bild 88).

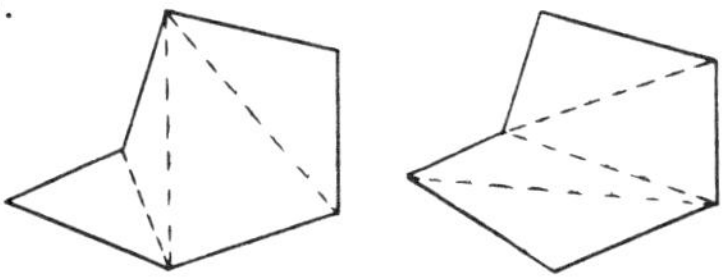

Bild 88

Die Ecken der Galerie werden mit 0, 1, 2, ..., n − 1 bezeichnet, wobei die Enden von d0 und k seien (Bild 89). d wird mit (0, k) bezeichnet. Jede Diagonale liegt an der Grenze zwischen zwei Dreiecken der Triangulierung. Nun sei (0, t, k) mit $0 < t < k$ eines der Dreiecke mit d am Rand. Die Seite (0, t) schneidet t Seiten vom n-Eck ab. Wegen der Auswahleigenschaft von d schneidet keine Diagonale 4, 5, ... oder k − 1 Seiten ab. Es ist aber $t < k$. Folglich muß $t \leq 3$ gelten. Die Seite (t, k) schneidet k − t Seiten ab, wobei $k - t < k$ ist. Folglich erhält man $k - t \leq 3$, woraus sich das überraschende Ergebnis $k \leq 3 + t \leq 6$ ergibt. Das bedeutet, daß es immer eine Diagonale gibt, die genau 4, 5 oder 6 Seiten der Galerie abschneidet. d zerlegt die Galerie in ein (k + 1)-Eck und ein (n − k + 1)-Eck. G_1 bezeichne den Teil der Triangulierung, der im (k + 1)-Eck liegt, und G_2 den im (n − k + 1)-Eck gelegenen Teil (Bild 90). Wegen k = 4, 5 oder 6 ist das (n − k + 1)-Eck entweder ein (n − 3)-, ein (n − 4)- oder ein (n − 5)-Eck. Wegen

$$\left[\frac{n-5}{3}\right] \leq \left[\frac{n-4}{3}\right] \leq \left[\frac{n-3}{3}\right] = \left[\frac{n}{3}\right] - 1,$$

folgt aus der Induktionsannahme, daß man aus den Dreiecken in G_2 m' Fächer zusammenstellen kann mit $m' \leq [n/3] - 1$.

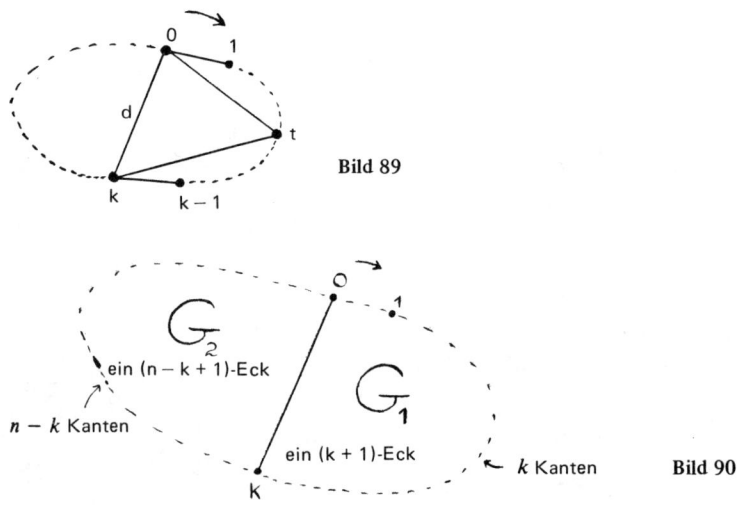

Bild 89

Bild 90

Ist k = 4, dann ist das (k + 1)-Eck ein Fünfeck, seine Triangulierierung besteht daher aus einem zusätzlichen Fächer. Für k = 5 oder 6 kann es natürlich ebenfalls möglich sein, daß G_1 aus nur einem Fächer besteht. In jedem dieser Fälle haben wir das ganze n-Eck in m = m' + 1 ≤ [n/3] Fächer zerlegt, wie verlangt.

Nun sei daher angenommen, daß G_1 kein Fächer ist. Das bedeutet k = 5 oder k = 6. Zunächst sei k = 5 (Bild 91).

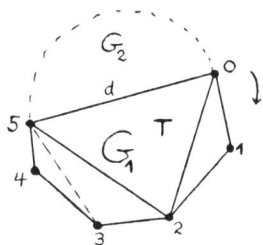

Bild 91

k = 5: In diesem Fall würde die Existenz einer Diagonale (0, 4) oder (1, 5) der Minimalität von k widersprechen (jede dieser Diagonalen schneidet nur vier Seiten ab). Folglich ist das Dreieck T in G_1, das d am Rand hat, entweder (0, 2, 5) oder (0, 3, 5). Weil das gleichwertige Fälle sind, können wir annehmen, daß T das Dreieck (0, 2, 5) ist. Der Rest von G_1 besteht aus dem Dreieck (0, 1, 2) und dem Viereck (2, 3, 4, 5). Jede Diagonale eines Vierecks bildet eine Triangulierung dieses Vierecks. Die Diagonale (2, 4) würde G_1 zu einem einzigen Fächer machen (mit Zentrum in 2). Weil das nicht der Fall ist, muß die Triangulierung durch die Diagonale (3, 5) hervorgerufen werden.

Jetzt betrachten wir das (n − 3)-Eck G_0, das als Vereinigung von G_2 und T bestimmt ist. Nach Induktionsvoraussetzung kann man die Dreiecke in G_0 zu m' (≤ [n/3] − 1) Fächern zusammenfassen. F bezeichne den Fächer, der T enthält. Weil F das Dreieck T enthält, muß das Zentrum dieses Fächers in einer der Ecken 0, 2 oder 5 liegen. Ist das Zentrum 2, dann wäre T das einzige Dreieck in F, weswegen jede Ecke von T als Zentrum angesehen werden kann. O.B.d.A. kann also 0 oder 5 als Zentrum angenommen werden.

Liegt das Zentrum in 5, kann man F so ausdehnen, daß auch die beiden Dreiecke des Vierecks (2, 3, 4, 5) dazugehören. Nimmt man dann das Dreieck (0, 1, 2) selbst als einen zusätzlichen Fächer, dann ist das gesamte n-Eck dadurch mit $m = m' + 1 \leq [n/3]$ Fächern überdeckt, wie verlangt. Liegt das Zentrum in 0, so erweitern wir F durch Hinzunahme des Dreiecks (0, 1, 2) und fügen einen neuen Fächer mit Zentrum 5 hinzu, um auch die beiden Dreiecke des Vierecks (2, 3, 4, 5) zu berücksichtigen. Daraus folgt wieder die Behauptung. Schließlich bleibt noch der Fall $k = 6$.

$k = 6$: Diesmal widersprechen die Diagonalen (0, 5), (0, 4), (1, 6) und (2, 6) alle der Minimalität von k. T muß daher das Dreieck (0, 3, 6) sein. Der Rest von G_1 besteht aus zwei Vierecken. Trianguliert man diese durch Diagonalen, die von 3 ausgehen, so wäre G_1 ein einzelner Fächer. Es ergeben sich daher zwei Fälle: Verwendung i) keiner bzw. ii) einer der von 3 ausgehenden Diagonalen.

Im Fall i) geben wir T zu G_2 dazu und erhalten dadurch ein $(n-4)$-Eck G_0. Die Fächerzahl m' in G_0 kann so gewählt werden, daß $m' \leq [(n-4)/3] \leq [n/3] - 1$ gilt. Der Fächer F, der T enthält, hat o.B.d.A. 0 oder 6 als Zentrum. Wegen der Gleichwertigkeit der Fälle kann dabei wieder o.B.d.A. 0 als Zentrum angenommen werden. Dann wird F so erweitert, daß die beiden Dreiecke des Vierecks (0, 1, 2, 3) enthalten sind. Außerdem fügt man einen neuen Fächer in 6 dazu, der die Dreiecke des Vierecks (3, 4, 5, 6) aufnimmt. Daraus ergibt sich die gewünschte Schlußfolgerung. (Vgl. Bild 92).

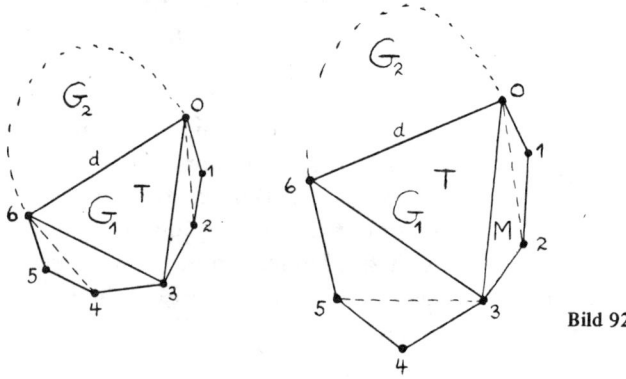

Bild 92

Im Fall ii) kann angenommen werden, daß die Diagonalen durch (0, 2) und (3, 5) gegeben sind (der Fall „(1, 3) und (4, 6)" ist dazu äquivalent). Diesmal kommen T und das Dreieck M (0, 2, 3) zu G_2 dazu. Dabei erhalten wir ein (n − 3)-Eck G_0 mit weniger als [n/3] Fächern. T und M liegen irgendwo in diesen Fächern. F sei der Fächer, der M enthält. O.B.d.A. kann man annehmen, daß das Zentrum von F in 0 oder 3 liegt. Liegt das Zentrum in 0, so kann man F durch Hinzunahme des Dreiecks (0, 1, 2) erweitern und einen weiteren Fächer addieren, der die Dreiecke von (3, 4, 5, 6) enthält. Liegt das Zentrum in 3, so nimmt man T (falls es nicht schon in F liegt) zu F dazu und ebenfalls die Dreiecke von (3, 4, 5, 6). Als zusätzlichen Fächer mit Zentrum 0 nehmen wir das Dreieck (0, 1, 2). In jedem Fall ist aber das ganze n-Eck zerlegt in nicht mehr als [n/3] Fächer, woraus der Satz folgt.

12 Die durch n Punkte der Ebene bestimmte Menge von Abständen

12.1 Eine Menge von n Punkten der Ebene bestimmt insgesamt $\binom{n}{2}$ Abstände. Vielleicht sind sie alle gleich oder alle verschieden. Tatsächlich aber ist beides weit von den tatsächlichen Verhältnissen entfernt. Zum Beispiel gibt es unter den 91 von 14 Punkten bestimmten Abständen mindestens 4 verschiedene; der größtmögliche Abstand kommt nicht öfter als 14 Mal vor, der kleinstmögliche nicht öfter als 36 Mal; kein Abstand aber kann öfter als 40 Mal auftreten. Wir werden zeigen, daß für n Punkte der Ebene (n = 3, 4, 5, 6 ...) gilt:

(i) Es gibt mindestens $\sqrt{n - \frac{3}{4}} - \frac{1}{2}$ verschiedene Abstände
(ii) Der Minimalabstand kann höchstens $3n - 6$ Mal auftreten
(iii) Der Maximalabstand tritt höchstens n Mal auf
(iv) Kein Abstand tritt öfter oder gleich oft wie $\frac{n^{3/2}}{\sqrt{2}} + \frac{n}{4}$ Mal auf.

Die Beweise sind elementar und geistreich. Sie entstammen der berühmten Arbeit [1] von Paul Erdös aus dem Jahre 1946. Mit Ausnahme der Schranken von (iii) sind einige der Schranken verbessert worden. Weitere Verschärfungen wären dabei keine Überraschung. Es scheint mir aber bemerkenswert, daß solche numerischen Einschränkungen bedingt sind durch die Eigenschaft, „flach in einer Ebene zu liegen".

12.2 Es gibt mindestens $\sqrt{n - \frac{3}{4}} - \frac{1}{2}$ verschiedene Abstände

Zu Beginn betrachten wir die Punkte demokratisch und sehen sie nicht als besonders verschieden voneinander an. Eine nützliche Einteilung unterscheidet aber zwischen „äußeren" und „inneren" Punkten. Dazu stellt man sich einen Nagel in jedem der Punkte vor. Zieht man dann ein elastisches Band, das die Punkte einschließt, zusammen, so berührt es schließlich einige der Punkte, die äußeren, aber die übrigen, die inneren, nicht. Das durch das Gummiband bestimmte Polygon nennt man die „konvexe Hülle" der Menge, was eine Bezeichnung von grundlegender Bedeutung in Untersuchungen dieser Art ist (Bild 93).

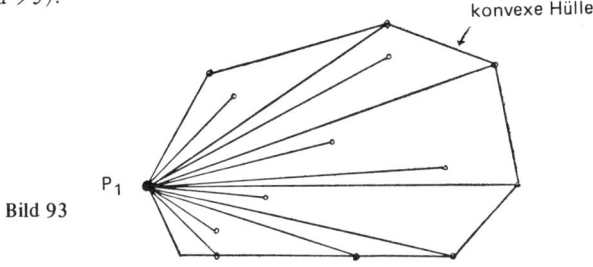

Bild 93

Die Punkte seien mit $P_1, P_2, \ldots, P_n$ bezeichnet. Wir richten nun unsere Aufmerksamkeit auf einen Punkt, sagen wir P_1, der konvexen Hülle und bemerken, daß der Winkel der Hülle in P_1 nicht größer ist als ein gestreckter. Jetzt betrachten wir die $n - 1$ Abstände P_1P_2, $P_1P_3, \ldots, P_1P_n$, die von P_1 ausgehen. Unter diesen seien k verschiedene $d_1, d_2, \ldots, d_k$. Dabei komme d_1 genau f_1 Mal, d_2 genau f_2 Mal vor, usw. Zusammengenommen haben wir für die Anzahl der Abstände in dieser Teilmenge die Beziehung

$$f_1 + f_2 + \ldots + f_k = n - 1.$$

Der Maximalwert unter diesen Häufigkeiten f_i sei mit N bezeichnet. Dann gilt $f_1 + f_2 + \ldots + f_k \leq N + N + \ldots + N = kN$, somit $n - 1 \leq Nk$ und $k \geq (n - 1)/N$.

Nun bezeichne r einen dieser $n - 1$ Abstände, der mit maximaler Häufigkeit N auftritt. Der Kreis $P_1(r)$ (mit Mittelpunkt P_1 und Radius r) geht dann durch N Punkte $Q_1, \ldots, Q_N$ der gegebenen Menge (Bild 94). Weil der Winkel der konvexen Hülle in P_1 nicht

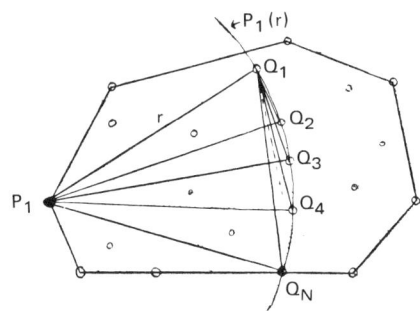

Bild 94

größer als ein gestreckter Winkel ist, liegen diese Punkte Q_i in einem Halbkreis um P_1 vom Radius r. Deswegen sind die $N-1$ Abstände $Q_1Q_2, Q_1Q_3, \ldots, Q_1Q_N$ alle voneinander verschieden. Wir haben also zwei Teilmengen der Menge aller Abstände gefunden, die mindestens $N-1$ bzw. $k \geq (n-1)/N$ verschiedene Abstände enthalten. Neue hinzukommende Abstände anderer Punkte vermehren höchstens diese Zahl. Die Gesamtzahl verschiedener Abstände kann deshalb nicht kleiner sein als die größere der beiden Zahlen $N-1$ und $(n-1)/N$, die man mit $\max((N-1), (n-1)/N)$ bezeichnet. Es bleibt nur noch zu zeigen, daß $\max((N-1), (n-1)/N)$ nie kleiner ist als $\sqrt{n-\frac{3}{4}} - \frac{1}{2}$.

Tabelle 95 Veranschaulichung des Falles n = 14

N	1	2	3	4	5	6	. . .	13	$\max(N-1, \frac{n-1}{N})$
$N-1$	0	1	2	3	④	⑤		⑫	ist eingekreist
$\frac{n-1}{N}$	⑬	⑥,⑤	④,3	③,2	2,6	2,2	. . .	1	

Gleichheit ungefähr bei 3,14

Betrachtet man sodann nacheinander die verschiedenen Möglichkeiten $N = 1, 2, \ldots, n-1$ (vgl. Tabelle 95, die den Fall $n = 14$ veranschaulicht), so erkennt man, daß zu Beginn $N-1$ kleiner ist als $(n-1)/N$, daß dann aber das wachsende $N-1$ das fallende $(n-1)/N$ einholt. Zuerst also gilt $\max(N-1, (n-1)/N) = (n-1)/N$ und später $\max(N-1, (n-1)/N) = N-1$. Folglich ist der Wert von $\max(N-1, (n-1)/N)$ nie kleiner als der Wert, den man erhält, wenn $N-1$ und $(n-1)/N$ übereinstimmt. Das tritt im Fall

$$N - 1 = \frac{n-1}{N},$$

$$N^2 - N - (n-1) = 0,$$

$$N = \frac{1 \pm \sqrt{1 + 4(n-1)}}{2}$$

$$= \frac{1 \pm \sqrt{4n-3}}{2} = \frac{1}{2} \pm \sqrt{n - \frac{3}{4}} \quad \text{ein.}$$

Weil N mindestens 1 ist, gilt $N = \frac{1}{2} + \sqrt{n-\frac{3}{4}}$. Der gemeinsame, zu untersuchende Wert ist dann $N - 1 = \sqrt{n-\frac{3}{4}} - \frac{1}{2}$.

12.3 Der Minimalabstand tritt nicht öfter als 3n − 6 Mal auf

Die Punkte P_i und P_j seien genau dann untereinander verbunden, wenn ihr Abstand der Minimalabstand r' ist. Man erhält also einen Graphen G mit n gegebenen Punkten als Ecken und gewissen Strecken der Länge r' als Kanten. Zuerst zeigen wir, daß G ein planarer Graph ist, das heißt, daß sich die Kanten nicht schneiden.

Sei als Gegenteil angenommen, daß sich die Kanten P_1P_2 und P_3P_4 in O schneiden (Bild 96). Aus der Dreiecksgleichung erhält man sodann

$$OP_1 + OP_3 > P_1P_3 \quad \text{und} \quad OP_2 + OP_4 > P_2P_4.$$

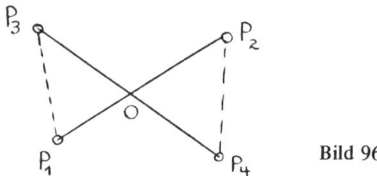

Bild 96

Durch Addition kommt man daher zu $P_1P_2 + P_3P_4 > P_1P_3 + P_2P_4$, oder zu $2r' > P_1P_3 + P_2P_4$. Folglich können nicht P_1P_3 und P_2P_4 beide mindestens so groß wie r' sein, ein Widerspruch. G ist also planar.

G kann unzusammenhängend sein und Kanten haben, die so verteilt sind, daß sie sich nicht zum Rand einer Fläche zusammenschließen. Das macht es schwer einzusehen, wie man die berühmte Eulersche Formel

$$E - K + F = 2$$

hier anwendet. Wir nehmen an, daß das mathematische Wissen des Lesers die Anwendung der Eulerschen Formel auf die einzelnen Komponenten (d.h., die zusammenhängenden Teile) eines planaren Graphen umfaßt. Unser Graph zerfalle in c Teile. $c - 1$ zusätzliche Kanten verbinden dann die Komponenten zu einem zusammenhängenden Ganzen G' (Bild 97). Keine dieser zusätzlichen Kanten kann eine Fläche begrenzen. Wir haben daher noch immer die ursprüng-

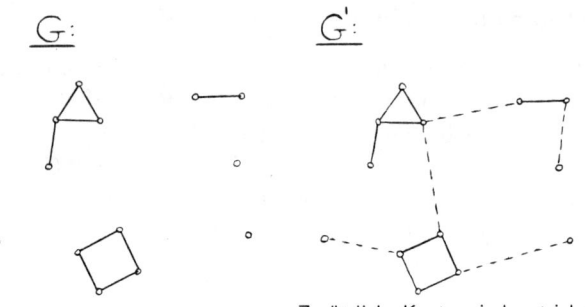

E Ecken, K Kanten, F Flächen, c Komponenten

Zusätzliche Kanten sind gestrichelt; E Ecken, K + c − 1 Kanten, F Flächen, 1 Komponente

Bild 97

liche Zahl von Flächen. Anwendung der Eulerschen Formel auf G' liefert

$$E - (K + c - 1) + F = 2,$$

wobei E, K und F auf den ursprünglichen Graphen G bezug nehmen. (Das unbeschränkte äußere Gebiet kommt unter den F Flächen von G vor.) Es gilt daher

$$K = E + F - c - 1.$$

Wegen $c \geqslant 1$ folgt daraus die Ungleichung $K \leqslant E + F - 2$, wobei nur mehr Parameter des ursprünglichen Graphen vorkommen.

Da man mindestens drei Kanten braucht, um ein Gebiet abzugrenzen, muß es zu den F Flächen in G mindestens 3 F Kanten geben. Weil eine Kante nicht mehr als zwei Flächen begrenzen kann (es kann auch solche geben, die nur eine oder gar keine Fläche begrenzen), muß 3 F kleiner oder gleich 2 K sein (was erlauben würde, daß jede Kante zweimal vorkommt). Es gilt daher

$$3F \leqslant 2K \quad \text{und} \quad F \leqslant \frac{2}{3} K.$$

Dementsprechend gelangen wir zu

$$K \leqslant E + F - 2 \leqslant E + \frac{2}{3} K - 2,$$

woraus sich

$$\frac{K}{3} \leqslant E - 2, \quad \text{und} \quad K \leqslant 3E - 6 \quad \text{ergibt.}$$

E aber ist einfach n; daher erhalten wir $K \leqslant 3n - 6$. Daher ist die Zahl der Minimalabstände r' kleiner oder höchstens gleich $3n - 6$.

12.4 Der Maximalabstand kommt höchstens n Mal vor

Wir gehen durch Induktion vor. Für n = 3 stimmt die Behauptung offensichtlich, weil da überhaupt nur drei Abstände vorkommen. Nun nehmen wir an, daß für jede Menge von $n - 1$ Punkten der Maximalabstand höchstens $n - 1$ Mal auftritt. S sei nun eine Menge von n Punkten, die mehr als n Verbindungsstrecken der Maximallänge r habe. Wir müssen dann einen Widerspruch herbeiführen.

Die Anzahl der Endpunkte dieser Maximalstrecken muß dann größer als 2n sein, woraus folgt, daß die durchschnittliche Anzahl von Endpunkten pro Punkt in S größer als $2 (= 2n/n)$ ist. Deshalb gibt es einen Punkt P_1 von S, von dem (mindestens) drei Maximalstrecken P_1P_2, P_1P_3, P_1P_4 ausgehen (Bild 98). Weil keine zwei der drei Punkte P_2, P_3, P_4 einen Abstand bestimmen können, der größer als r ist, liegen diese drei Punkte in einem 60°-Bogen des Kreises $P_1(r)$. Dabei liege P_3 zwischen P_2 und P_4.

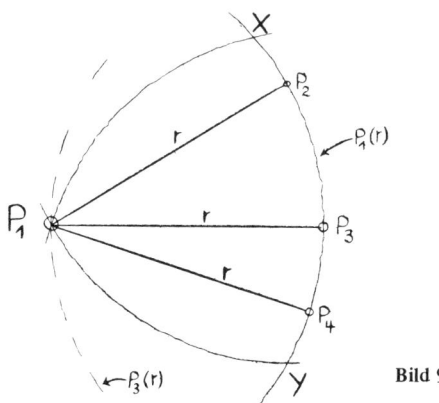

Bild 98

In jedem Kreis $P_i(r)$ liegt die ganze Menge S, weil kein Abstand P_iP_j größer als der maximale — r — ist. S liegt also im Durchschnitt P_1XY der drei Kreise $P_1(r)$, $P_2(r)$ und $P_4(r)$. (Ist $\sphericalangle P_2P_1P_4 = 60°$, dann stimmt X mit P_2 und Y mit P_4 überein.) Weil P_3 zwischen P_2 und P_4 liegt, berührt der Umfang von $P_3(r)$ das Gebiet P_1XY nur in P_1. Folglich ist P_1 der einzige Punkt in S, der von P_3 den Abstand r hat. Von P_3 geht also nur eine Maximalstrecke (der Länge r) aus.

Streicht man P_3, so erhält man eine Menge von n − 1 Punkten, die eine Maximalstrecke weniger hat. Da wir mit mehr als n solchen Strecken angefangen haben, bleiben also immer noch mehr als n − 1 übrig. Das widerspricht der Induktionsvoraussetzung, woraus der Satz folgt.

Wir bemerken, daß es zu jedem n eine Menge mit n Punkten gibt mit genau n Maximalabständen. Wir können daher die Schlußfolgerung verschärfen: Der Maximalabstand tritt höchstens n Mal auf, und es gibt n-elementige Mengen, für die diese Grenze erreicht wird (Bild 99).

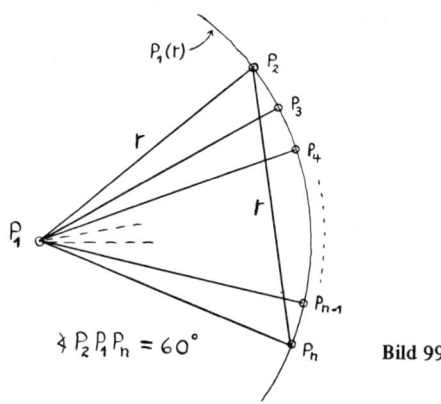

Bild 99

12.5 Kein Abstand kann $n^{3/2}/\sqrt{2} + (n/4)$ Mal auftreten

1946 gab Paul Erdös einen sehr geschickten Beweis dafür, daß kein Abstand $n^{3/2}$ Mal auftreten kann. Dieser Edelstein wird im Anhang angegeben. Hier beweisen wir das bessere Ergebnis, daß jeder Abstand nicht einmal $n^{3/2}/\sqrt{2} + (n/4)$ Mal auftreten kann.

r bezeichne einen der auftretenden Abstände und X die Anzahl der Strecken der Länge r. Die Punkte P_i und P_j seien miteinander durch eine Strecke verbunden genau dann, wenn $P_iP_j = r$ gilt. x_1 dieser Strecken mögen dabei von P_1 ausgehen, x_2 von P_2 usw. x_i zählt also die Anzahl der Endpunkte von Strecken in P_i. Für die Gesamtzahl gilt

$$\sum_{i=1}^{n} x_i = 2X \quad \text{und} \quad X = \frac{1}{2} \sum_{i=1}^{n} x_i.$$

Jetzt zählen wir die Anzahl der Wege der Länge 2 (d.h. der Paare benachbarter Strecken $P_j\!\!-\!\!P_i\!\!-\!\!P_k$), die durch diese Strecken bestimmt sind. Jeder solche Weg hat eine „Mittelecke"; weil x_i Strecken von P_i ausgehen, ist die Anzahl dieser Wege mit P_i als Mittelecke durch $\binom{x_i}{2}$ gegeben. Die Gesamtwegzahl ist folglich

$$\sum_{i=1}^{n} \binom{x_i}{2}.$$

Ein Weg der Länge 2 verbindet ein Paar „äußerer" Ecken. Die n gegebenen Punkte liefern $\binom{n}{2}$ Paare äußerer Ecken. Wenn daher die Anzahl der Wege der Länge 2 mehr als zweimal so groß ist wie die Anzahl der Paare (d.h. größer als $2\binom{n}{2}$), folgt aus dem Dirichletschen Schubfachprinzip, daß ein Paar von Punkten A, B als äußere Ecken von mindestens drei Wegen auftritt (Bild 100).

Weil aber alle Strecken die Länge r haben, folgt daraus die unmögliche Anforderung, daß zwei verschiedene Kreise A(r) und B(r) einander in drei Punkten schneiden. Folglich kann die Anzahl der Wege der Länge 2 die Zahl $2 \cdot \binom{n}{2}$ nicht übersteigen:

$$\sum_{i=1}^{n} \binom{x_i}{2} \leq n(n-1).$$

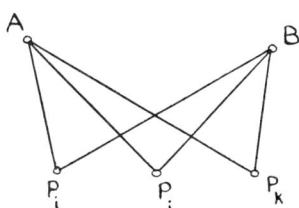

Bild 100

Entwickelt man die linke Seite dieser Beziehung, so erhält man

$$\sum_{i=1}^{n} \binom{x_i}{2} = \sum_{i=1}^{n} \frac{x_i(x_i-1)}{2} = \frac{1}{2}\sum_{i=1}^{n} x_i^2 - \frac{1}{2}\sum_{i=1}^{n} x_i,$$

oder

$$\sum_{i=1}^{n} \binom{x_i}{2} = \frac{1}{2}\sum_{i=1}^{n} x_i^2 - X.$$

Einfach ist einzusehen, daß $\Sigma_{i=1}^{n} x_i^2 \geq 4X^2/n$ gilt. Dazu bemerken wir

$$(x_1 + x_2 + \ldots + x_n)^2 = \left(\sum_{i=1}^{n} x_i\right)^2$$

$$= \sum_{i=1}^{n} x_i^2 + 2\sum_{\substack{i,j=1 \\ i \neq j}}^{n} x_i x_j$$

und

$$\sum_{\substack{i,j=1 \\ i \neq j}}^{n} (x_i - x_j)^2 = (n-1)\sum_{i=1}^{n} x_i^2 - 2\sum_{\substack{i,j=1 \\ i \neq j}}^{n} x_i x_j.$$

Durch Addition eliminiert man die gemischten Produkte und erhält einfach

$$\left(\sum_{i=1}^{n} x_i\right)^2 + \sum_{i,j=1, i \neq j}^{n} (x_i - x_j)^2 = n\sum_{i=1}^{n} x_i^2.$$

Wegen

$$(x_i - x_j)^2 \geq 0 \quad \text{folgt} \quad (\Sigma_{i=1}^{n} x_i)^2 \leq n\Sigma_{i=1}^{n} x_i^2,$$

oder

$$\sum_{j=1}^{n} x_i^2 \geq \frac{1}{n}(2X)^2 = \frac{4X^2}{n}$$

wie versprochen.

Durch Einsetzen in (2) erhalten wir

$$\sum_{i=1}^{n} \binom{x_i}{2} \geqslant \frac{2X^2}{n} - X.$$

Verknüpft man das mit (1), so gelangt man zu

$$\frac{2X^2}{n} - X \leqslant n(n-1), \quad 2X^2 - nX - n^2(n-1) \leqslant 0.$$

Diese quadratische Funktion (Bild 101) nimmt für X im abgeschlossenem Intervall zwischen den Wurzeln der entsprechenden Gleichung nicht-positive Werte an, weshalb für X die Einschränkung

$$\frac{n}{4}(1 - \sqrt{8n-7}) \leqslant X \leqslant \frac{n}{4}(1 + \sqrt{8n-7})$$

folgt.

Daher kann der Abstand r nicht öfter als $(n/4)(1 + \sqrt{8n-7})$ Mal auftreten. Das aber ist kleiner als das behauptete $(n/4)(1 + \sqrt{8n})$ $= (n/4) + n^{3/2}/\sqrt{2}$.

Als Korollar erhält man das Ergebnis, daß $\binom{n}{2}$ Abstände bestimmt durch n Punkte, Anlaß geben zu mehr als

$$\frac{\binom{n}{2}}{\frac{n}{4} + \frac{n^{3/2}}{\sqrt{2}}}$$

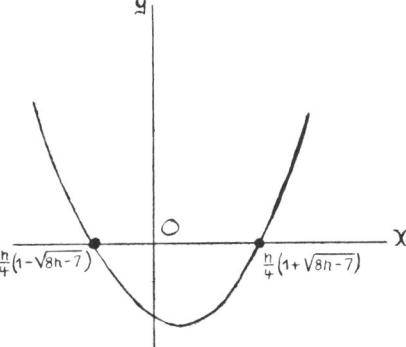

Bild 101

verschiedenen Abständen. Die Größenordnung dieses Ergebnisses ist $n^{1/2}$, ist aber doch nicht so gut wie die frühere Schranke $\sqrt{n - \frac{3}{4}} - \frac{1}{2}$.

111

12.6 Zusätzliche Ergebnisse

(a) Wir haben erkannt, daß der durch n Punkte der Ebene bestimmte Maximalabstand höchstens n Mal auftreten kann. Im dreidimensionalen Raum gilt, wie man zeigen kann, daß dieser Abstand höchstens $2n-2$ Mal auftreten kann ([2]). 1955 entdeckte Lenz, daß im vierdimensionalen Raum der Maximalabstand $[n^2/4]$ Mal vorkommen kann. ($[n^2/4]$ ist der ganzzahlige Anteil von $n^2/4$). Dazu konstruierte er einfach eine Menge mit dieser Eigenschaft, wie folgt:

Es gibt unendlich viele Punktpaare (x, y) mit $0 < x, y < 1/\sqrt{2}$ und $x^2 + y^2 = \frac{1}{2}$ (das bedeutet einfach, daß auf dem Kreis $x^2 + y^2 = \frac{1}{2}$ unendlich viele Punkte des ersten Quadranten liegen). Nun wählt man n dieser Paare $(x_1, y_1), (x_2, y_2), \ldots, (x_n, y_n)$. Mit $s = [n/2]$ bestimme man die Menge A des vierdimensionalen Raumes der Punkte $(x_1, y_1, 0, 0), (x_2, y_2, 0, 0), \ldots, (x_s, y_s, 0, 0)$. Die Menge B sei gegeben als Menge der Punkte $(0, 0, x_{s+1}, y_{s+1}), (0, 0, x_{s+2}, y_{s+2}), \ldots, (0, 0, x_n, y_n)$. Der Abstand zwischen zwei Punkten aus A ist durch

$$d = \sqrt{(x_i - x_j)^2 + (y_i - y_j)^2 + 0 + 0,}$$

gegeben, wobei $|x_i - x_j| < 1/\sqrt{2}$ und $|y_i - y_j| < 1/\sqrt{2}$ gilt. Folglich erhält man

$$d < \sqrt{\frac{1}{2} + \frac{1}{2}} = 1.$$

Für je zwei Punkte in B gilt ebenso, daß ihr Abstand voneinander kleiner als 1 ist. Jeder der $s(n-s)$ Abstände zwischen einem Punkt in A und einem in B ist durch

$$d' = \sqrt{x_i^2 + y_i^2 + x_j^2 + y_j^2} = \sqrt{\frac{1}{2} + \frac{1}{2}} = 1.$$

bestimmt. 1 ist also der Maximalabstand in der Menge $A \cup B$; er tritt $s(n-s)$ Mal auf. Es ist daher nur noch zu zeigen, daß $s(n-s)$ mit $[n^2/4]$ übereinstimmt.

Ist n gerade, $n = 2k$, dann gilt $s = [n/2] = [k] = k$ und $s(n-s) = k(2k-k) = k^2$. $[n^2/4]$ ist gegeben durch $[n^2/4] = [4k^2/4] = [k^2] = k$. Ist n ungerade, $n = 2k + 1$, dann erhält man $s = [n/2] = [k + \frac{1}{2}] = k$

und $s(n-s) = k(2k+1-k) = k(k+1) = k^2 + k$, während $[n^2/4]$ durch $[n^2/4] = [(4k^2 + 4k + 1)/4] = [k^2 + k + \frac{1}{4}] = k^2 + k$ gegeben ist.

(b) Es gibt eine Konstante c, so daß für alle n kein durch eine Menge von n Punkten im dreidimensionalen Raum bestimmten Abstand öfter als $c \cdot n^{5/3}$ Mal auftritt ([3]).

(c) Die fünf Ecken eines regulären Fünfecks und dessen Mittelpunkt bilden eine Menge von sechs Punkten in der Ebene mit der Eigenschaft, daß je drei dieser Punkte eine *gleichschenkliges* Dreieck bestimmen (Bild 102).

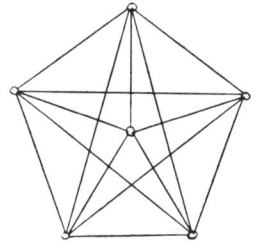
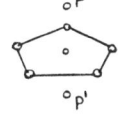

Bild 102

In der Ebene   Im dreidimensionalen Raum

Im Dreidimensionalen gewinnt man mit der selben Anordnung eine achtpunktige Menge, so daß alle dadurch bestimmten $\binom{8}{3} = 56$ Dreiecke gleichschenklig sind. Man fügt einfach den Punkt P auf der Normalen auf die Ebene des Fünfeckes durch den Mittelpunkt hinzu, der von dieser Ebene den Abstand hat, der gleich ist dem Umkreisradius des Fünfecks. Der achte Punkt ist der Spiegelpunkt von P auf der anderen Seite des Fünfecks.

Zum Abschluß beweisen wir, daß für $n > 6$ keine n-punktige Menge der Ebene „gleichschenklig" sein kann (d.h., nur gleichschenklige Dreiecke enthalten kann). Das wurde von Erdös im American Mathematical Monthly (1946, Volume 53, p. 394) als Aufgabe gestellt. Wir folgen dabei der nett aufgebauten Lösung durch L. M. Kelly (1947, Volume 54, pp. 227–229). Dadurch erhält man für n = 7, daß mindestens drei verschiedene Abstände vorkommen. Aus unserem früheren Ergebnis folgt nur $\sqrt{7 - \frac{3}{4}} - \frac{1}{2} = 2$.

Kelly langer Beweis umfaßt sieben Teile. Trotzdem geben wir die Darlegung in allen Einzelheiten, weil fast alle Teile sehr nette

Argumente enthalten. Der Vorgang ist folgender. Zuerst wird gezeigt, daß eine bestimmte vierpunktige Konfiguration F in jeder gleichschenkligen Sechspunktmenge auftritt. Offensichtlich ist jede k-punktige Teilmenge einer gleichschenkligen n-punktigen Menge selbst gleichschenklig. Beginnend mit der gleichschenkligen vierpunktigen Menge F wird dann die Menge aufgebaut durch Hinzufügen von Punkten an solchen Stellen, daß alle Dreiecke gleichschenklig bleiben. Dabei stellt sich heraus, daß für den fünften Punkt höchstens zwei Möglichkeiten offenstehen. Durch Weglassen aller Punkte mit Ausnahme dieser höchstens zwei erlaubten kommt man zu einer gleichschenkligen Fünfpunktmenge, weswegen 6 eine obere Schranke für die Punktzahl einer n-Punktmenge darstellt. Das obige Beispiel einer gleichschenkligen Sechspunktmenge zeigt, daß 6 das Maximum ist, woraus die Behauptung folgt.

(i) **Die Konfiguration F.** 1, 2, 3, 4, 5 und 6 mögen die Punkte einer gleichschenkligen Sechspunktmenge bezeichnen. Wir werden zeigen, daß es zu einem Punkt dieser Menge mindestens drei davon verschiedene Punkte gibt, die gleich weit von jenem entfernt liegen. Wir fassen die Punkte zu Paaren zusammen. Die beiden gleichlangen Seiten im Dreieck 123 seien 12 = 13 = a, und weiters gelte 14 = x, 15 = y, 16 = z (Bild 103). Nehmen wir nun im Widerspruch zur Behauptung an, daß keine drei von einem Punkt ausgehenden Strecken gleich sind. Dann können x, y und z nicht mit a übereinstimmen, da sonst von 1 drei Strecken der Länge a ausgingen.

Nach Voraussetzung sind alle Dreiecke gleichschenklig. Daher muß in einem Dreieck mit den beiden verschiedenen Seiten p und q die dritte entweder mit p oder mit q übereinstimmen. Im Dreieck 142 muß folglich 24 gleich einer der beiden (verschiedenen) Seiten a und x sein. Gleiches gilt für 34 im Dreieck 143. Die beiden Seiten 24

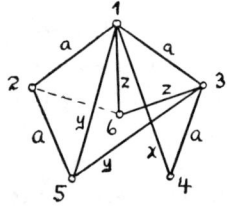

Bild 103

und 34 können nicht gleich x sein, da sonst von 4 drei Seiten der Länge x ausgingen. Eine muß daher mit a übereinstimmen, diese Seite sei – wegen der Gleichwertigkeit der Fälle – 34. Daher kann 35 nicht auch noch a sein. Dem Dreieck 351 entnimmt man, daß 35 gleich y sein muß. Ebenso muß 36 im Dreieck 136 mit z übereinstimmen. 25 im Dreieck 125 ist gleich a, da sonst drei Strecken y von 5 ausgingen. Im Dreieck 126 schließlich muß 26 mit a oder z übereinstimmen. Daher gehen entweder drei Strecken a von 2 aus oder drei Strecken z von 6. Dieser Widerspruch zeigt also, daß in jeder gleichschenkligen Sechspunktmenge ein Punkt P existiert, von dem drei gleiche Strecken PQ, PR und PS ausgehen. Das Dreieck QRS ist gleichschenklig mit P als Mittelpunkt des Umkreises. Daher besteht die erwähnte Konfiguration F aus einem gleichschenkligen Dreieck und seinem Umkreismittelpunkt.

(ii) Dieser Abschnitt ist der erste von fünf weiteren, in denen gezeigt wird, daß eine bestimmte Konfiguration in einer gleichschenkligen Sechspunktmenge nicht vorkommen kann. Die Konfiguration dieses Abschnittes ist eine „Menge von drei kollinearen Punkten". Wir behalten im weiteren die Bezeichnung 1, 2, 3, 4, 5, 6 für die Punkte einer gleichschenkligen Sechspunktmenge bei.

Nehmen wir an, eine gleichschenklige Sechspunktmenge enthalte die drei kollinearen Punkte 1, 2, 3. Das (degenerierte) Dreieck 123 mit den Seiten 12, 13 und 23 muß zwei gleichlange Strecken enthalten. Liegt o.B.d.A. 2 zwischen 1 und 3, so gilt also 12 = 23 = a (Bild 104). Jetzt untersuchen wir die Dreiecke 124 und 234. Es sei 24 = b von a verschieden angenommen. Die Basiswinkel in 124 liegen dann entweder in 1 und 2 (falls 14 = b) oder in 2 und 4 (falls 14 = a). In jedem Fall ist der Winkel in 2, ∢ 124, einer der Basiswinkel und als solcher spitz. Ebenso ist ∢ 423 im Dreieck 234 spitz. Die Summe ∢ 124 + ∢ 423 ist daher kleiner als 180°. Dieser Widerspruch zeigt 24 = a.

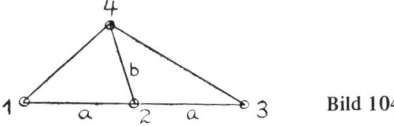 Bild 104

In diesem Fall ist 2 der Umkreismittelpunkt von 134 und 13 ein Durchmesser des Umkreises (Bild 105). Das Dreieck 134 ist also nicht nur gleichschenklig; es ist sogar rechtwinklig (mit rechtem Winkel in 4). Daher gilt 14 = 34, und 42 steht normal auf 123. 4 liegt also in einem der Schnittpunkte L und M einer Normalen auf 13 durch 2 mit dem Kreis, der 13 als Durchmesser enthält. 4 hat aber keine ausgezeichnete Rolle gespielt. Es liegen daher auch 5 und 6 in L und M. Daher fallen mindestens zwei der drei (verschiedenen) Punkte 4, 5 und 6 zusammen, was unmöglich ist. Das bedeutet also, daß zu 1, 2, 3 höchstens zwei Punkte hinzukommen können, wenn 1, 2 und 3 kollinear sind. Folglich kann keine gleichschenklige Sechspunktmenge drei kollineare Punkte enthalten.

(iii) Wir wissen nun, daß eine gleichschenklige Sechspunktmenge notwendigerweise ein gleichschenkliges Dreieck QRS und dessen Umkreismittelpunkt enthalten muß. Jetzt wird gezeigt, daß die Gleichschenkligkeit des Dreiecks QRS der Konfiguration F nicht so weit gehen kann, daß dieses Dreieck gleichseitig ist.

Wir nehmen an, daß 4 der Umkreismittelpunkt des gleichseitigen Dreiecks 123 ist und führen einen Widerspruch herbei. a bezeichne die Seitenlänge und b den Umkreisradius dieses Dreiecks (Bild 106). Nimmt man den Punkt 5 hinzu, so muß auch das Dreieck 135 gleichschenklig sein. Wäre 15 = 35, so läge 5 auf der Normalen auf 13 durch den Halbierungspunkt dieser Strecke, weshalb 2, 4 und 5 kollinear wären. Wegen (ii) ist das unmöglich. Es muß daher im Dreieck 135 entweder 15 oder 35 die Seitenlänge a von 13 haben. Sei o. B. d. A. 35 = a und 15 ≠ a angenommen.

Dasselbe Argument, angewendet auf das Dreieck 125, liefert, daß eine der Seiten 15 und 25 mit a übereinstimmt. Wegen 15 ≠ a

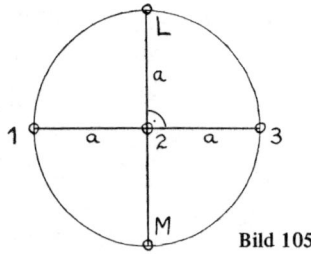

Bild 105

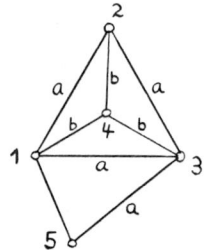

Bild 106

muß dann 25 = a richtig sein. Dann aber gilt 25 = 35; und es sind die Punkte 1, 4, 5 kollinear. Das ist der gewünschte Widerspruch, aus dem die Behauptung folgt.

(iv) Nun stellt sich heraus, daß ein Paar gleichseitiger Dreiecke mit einer gemeinsamen Seite eine unmögliche Konfiguration darstellt. Dabei gehen wir abermals indirekt vor. Es seien 123 und 134 gleichseitige Dreiecke mit Seitenlänge a und 24 = b. Dann gilt b > a. Falls man dann — bei Hinzunahme des Punktes 5 (Bild 107) — 15 = 35 annimmt, dann liegen die Punkte 2, 4 und 5 auf einer Geraden. Folglich stimmt im Dreieck 135 genau eine der Seiten 15 und 35 mit a überein. Wegen der Gleichwertigkeit der Fälle sei 35 = a und 15 $\neq$ a angenommen. Auf gleiche Weise gilt für das Dreieck 245, daß genau eine der Seiten 25 und 45 mit b übereinstimmt; sagen wir: 45 = b und 25 $\neq$ b.

Im Dreieck 145 gilt 14 = a und 45 = b. Folglich muß 15 mit a oder b übereinstimmen. Wir haben aber schon 15 $\neq$ a gezeigt, woraus 15 = b folgt. Für das Dreieck 125 bedeutet das 25 = a oder 25 = b. Weil aber schon 25 $\neq$ b gezeigt worden ist, muß ersteres (25 = a) richtig sein, weswegen man das Dreieck 235 als gleichseitig erkennt. Der Winkel $\sphericalangle$ 435 ist gestreckt als Summe dreier Winkel im gleichseitigen Dreieck. Daher liegen 4, 3 und 5 auf einer Geraden, was unmöglich ist.

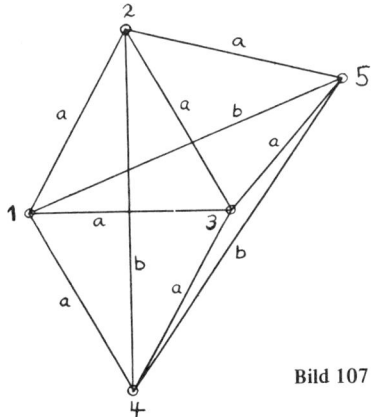

Bild 107

(v) 123 bezeichne ein gleichseitiges Dreieck mit Seitenlänge a, und LM sei ein Durchmesser des Kreises 3(a), der den Winkel ∡ 132 halbiert (Bild 108). Unsere beiden letzten unmöglichen Konfigurationen sind die vierpunktigen Figuren mit 4 in L oder 4 in M. Zuerst betrachten wir den Fall 4 in L. Es sei 14 = 24 = b. Dann ist offensichtlich b < a.

Wie vorher muß 15 ≠ 25 sein, da sonst 3, 4 und 5 kollinear wären. Im Dreieck 125 ist daher eine der Seiten 15 und 25 gleich a. O.B.d.A. gelte 25 = a. Im Dreieck 245 gilt 45 = a oder 45 = b. Im Falle 45 = a muß 5 der Bildpunkt von 3 bezüglich der Spiegelung an 24 sein, weil 25 = 45 = a ist und 5 nicht mit 3 zusammenfallen kann. Folglich stimmen die Winkel 542, 243 und 341 überein. Eine leichte Rechnung zeigt, daß ihr Maß 75° ist. Der Winkel ∡ 541 beträgt daher 135°. Im gleichschenkligen Dreieck 145 kann dieser Winkel nur in der Spitze und nicht an der Basis auftreten (dafür wäre er nämlich zu groß). Deswegen sind 45 und 41 gleich lang, woraus a = b folgt. Dieser Widerspruch erzwingt 45 = b.

Im Dreieck 345 gilt daher 45 = b und 34 = a; außerdem muß 35 mit einer dieser Seiten übereinstimmen. 35 = a führt sofort zum Widerspruch: Das Dreieck 235 wäre gleichseitig, was entweder bedeutet, daß 1 und 5 zusammen fallen oder, daß man ein Paar gleichseitiger Dreiecke (123, 235) einer Art erhält, die im vorigen Abschnitt gerade ausgeschlossen worden ist. Es gilt daher 35 = b, was wegen b < a bedeutet, daß 5 im Inneren des Kreises 3(a) liegt. (Vgl. Bild 109.)

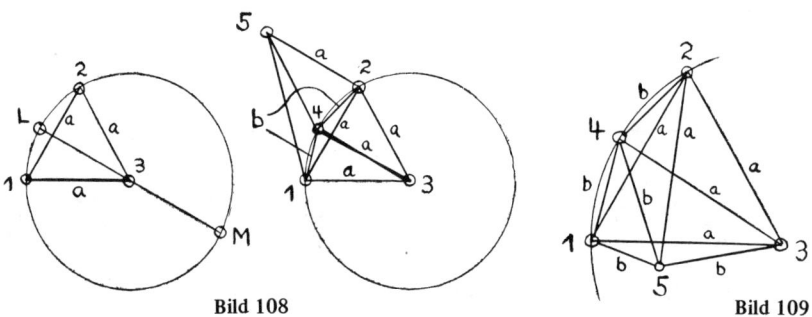

Bild 108   Bild 109

Im Dreieck 125 gilt 12 = 25 = a. Wäre auch 15 gleich a, so hätte man ein gleichseitiges Dreieck, weswegen der Punkt 5 im Inneren des Kreises 3(a) mit dem Mittelpunkt 3 zusammenfallen müßte (unmöglich). Dem Dreieck 135 entnimmt man 15 = a oder 15 = b. Es ist also die letzte Gleichung richtig. Deshalb gilt 51 = 54 = 53 = b, und 5 ist der Umkreismittelpunkt des Dreieckes 143. Als Mittelpunkt des Umkreises eines gleichschenkligen Dreiecks liegt 5 dann im Inneren des Dreiecks, wenn der Winkel an der Spitze spitz ist. Weil dieser Winkel ($\measuredangle$ 134) nur 30° beträgt, liegt also 5 im Inneren des Dreiecks 143. Es gilt aber 25 = a, und im Inneren des Dreiecks 143 gibt es keinen Punkt, der von 2 den Abstand a hat. Deshalb kann 4 nicht in L liegen.

(vi) Es liege also 4 in M. Dann gilt 24 = b > a (Bild 110).

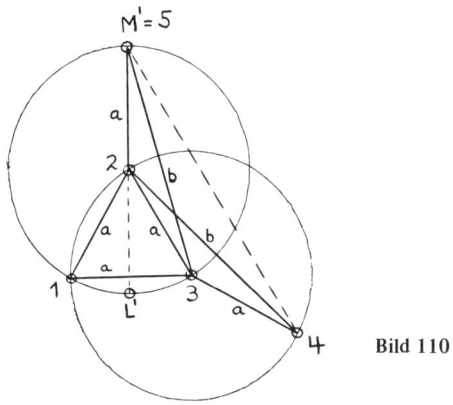

Bild 110

Wie beim vorigen Schluß erhält man 15 ≠ 25, weil sonst 3, 4, 5 kollinear wären; im Dreieck 125 muß 15 = a oder 25 = a sein. Sei wieder 25 = a und 15 ≠ a angenommen. Wäre 35 = a, so wäre das Dreieck 235 gleichseitig. Um dabei 5 nicht mit 1 zusammenfallen zu lassen, muß sich wieder die unmögliche Konfiguration zweier gleichseitiger Dreiecke (123 und 235) mit einer gemeinsamen Seite (23) ergeben. Folglich ist 35 ≠ a. Durch Verbindung mit 15 ≠ a erkennt man, daß die gleichen Seiten im Dreieck 135 die Seiten 15 und 35 sein müssen. 5 liegt also auf der Streckensymmetrale von 13. Wegen 25 = a liegt 5 auf dem Kreis 2(a). 5 liegt folglich in einem der Punkte

L' oder M' von Bild 110. 5 in L' liefert die unmögliche Konfiguration des vorigen Abschnittes bezüglich 1, 2, 3 und 5, weswegen 5 in M' liegen muß.

Nun erkennt man leicht, daß das Dreieck 345 nicht gleichschenklig sein kann. Eine einfache Rechnung zeigt ∢ 523 = 150° = = ∢ 234. Folglich sind die Dreiecke 523 und 234 kongruent, woraus man 35 = 24 bestimmt. Genauso einfach gelangt man zu ∢ 523 = 15°, was ∢ 534 = 135° bewirkt. Im gleichschenkligen Dreieck 534 sind dann die gleichen Seiten 53 und 34 (135° ist für einen Basiswinkel zu groß), woraus sich der Widerspruch a = b ergibt. 4 liegt also auch nicht in M.

(vii) Wir wissen, daß jede gleichschenklige Sechspunktmenge eine Konfiguration F enthält. Jetzt untersuchen wir, wie man diese Figur zu einer gleichschenkligen Fünfpunktmenge erweitern kann. Dazu seien 1, 2, 3, 4 die Punkte der Konfiguration F mit 12 = 13 = 14 = a, 24 = 34 = b und 23 = c. Zunächst zeigen wir die paarweise Verschiedenheit von a, b und c. (Vgl. Bild 111.)

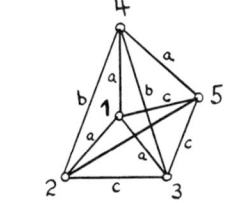

Bild 111

Wäre a = b, so würden die Dreiecke 124 und 134 ein Paar gleichseitiger Dreiecke erzeugen, die eine Seite (14) gemeinsam haben, was aber eine unmögliche Konfiguration ist gemäß Abschnitt (iv). Im Fall a = c würden 1, 2, 3 und 4 eine nach (v) oder (vi) unmögliche Konfiguration ergeben. b = c schließlich hätte zur Folge, daß F die nach (iii) ausgeschlossene Konfiguration eines gleichseitigen Dreiecks mit Umkreismittelpunkt darstellt.

Nun suchen wir mögliche Lagen für den fünften Punkt. Für 25 = 35 läge 5 in der durch 1 und 4 bestimmten Geraden. Es gilt also 25 ≠ 35; im Dreieck 235 muß eine der Seiten 25, 35 mit c übereinstimmen. Wegen der Gleichartigkeit der Fälle sei 35 = c angenommen.

Jetzt bestimmen wir 15. Dem Dreieck 135 entnimmt man 15 = a oder 15 = c. Sei letztere Gleichung richtig. Im Dreieck 125 muß dann die Seite 25 entweder a oder c sein. Wie wir aber gesehen haben, gilt 25 ≠ 35 = c. Deshalb ist 25 = a. Im Dreieck 145 muß 45 entweder mit a oder c übereinstimmen; dem Dreieck 245 entnimmt man 45 = a oder 45 = b. 45 muß also gleich a sein. In diesem Fall hat das Dreieck 345 die Seiten a, b und c und ist daher nicht gleichschenklig. Folglich gilt 15 = a.

Verbindet man diese Gleichung mit 35 = c, so erkennt man, daß die Lage des Punktes 5 schon vollständig bestimmt ist (Bild 112). Der Punkt 2 ist einer der Schnittpunkte der beiden Kreise 1(a) und 3(c) miteinander. Der gleichwertige Fall 25 = c (wir haben 35 = c angenommen) ergibt, daß 5 im zweiten Schnittpunkt 6 der Kreise 1(a) und 3(c) liegt (3 ist der erste Schnittpunkt). Folglich gibt es nur zwei zulässige Lagen für Punkt 5, woraus — wie oben bemerkt — die Behauptung folgt.

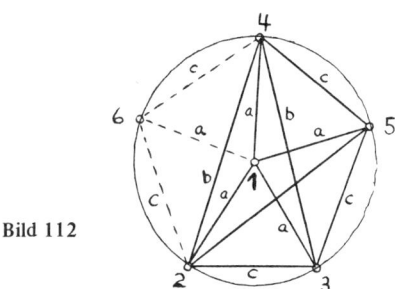

Bild 112

Damit sind wir nun in der Lage zu erkennen, daß es nur eine gleichschenklige Sechspunktmenge gibt. Wegen 15 = a liegt 1 auf der Mittelsenkrechten von 2, 5 ebenso wie 3. Wäre 45 = b, so lägen 4, 1, 3 auf einer Geraden. Folglich ist 45 von b verschieden. Im Dreieck 345 gilt daher 45 = c. Der gleichwertige Fall 25 = c ergibt auf ähnliche Weise 46 = c. Daraus entnimmt man, daß das Fünfeck 45326 fünf Seiten der Länge c hat und daß es dem Kreis 1(a) eingeschrieben ist. Folglich besteht die einzig mögliche gleichschenklige Sechspunktmenge aus den Ecken eines regulären Fünfecks und seinem Mittelpunkt.

Übungen zu Kapitel 12

(12.1) Es ist bekannt, daß n (nicht auf einer Geraden liegende) Punkte der Ebene (durch Bildung von Punktpaaren) eine Gerade bestimmen, die nur zwei der n Punkte enthält [4]. Verwende dieses Ergebnis zum Nachweis, daß n nicht auf einer Geraden liegende Punkte mindestens n verschiedene Verbindungsgeraden je zweier dieser Punkte bestimmen.

Literaturangaben

[0] Fast 100 der 600 Arbeiten von Erdös findet man nachgedruckt in dem monumentalen Werk von Paul Erdös: The Art of Counting, MIT Press, 1973.
[1] Paul Erdös, On the set of distances of n points, Amer. Math. Monthly, 53 (1946) 248−250; in [0] enthalten.
[2] B. Grünbaum, A proof of Vazsonyi's conjecture, Bull. Research Council of Israel, 6A (1956) 77−78.
[3] Paul Erdös, On sets of distances of n points in Euclidean space, Magyar Tud. Akad. Mat. Kut. Int. Kozl., 5 (1960) 165−169.
[4] Ross Honsberger, Ingenuity in Mathematics, New Mathematical Library, vol. 23, Mathematical Association of America, 1970, 13−16.

Anhang
Kein Abstand kann $n^{3/2}$ Mal auftreten

Wir verwenden die oben eingeführte Notation: Der Abstand r tritt insgesamt X Mal auf. x_1 Mal in P_1, x_2 Mal in P_2 usw. Dann gilt

$$X = \frac{1}{2} \sum_{i=1}^{n} x_i.$$

Die Punkte seien dabei so numeriert, daß

$$x_1 \geqslant x_2 \geqslant x_3 \geqslant \ldots \geqslant x_n$$

gilt.

Es kann dabei nicht auftreten, daß alle n Punkte Endpunkte von Strecken der Länge r sind. (Wegen $X \geqslant 1$ müssen die beiden größten x_i − nämlich x_1 und x_2 − größer oder gleich 1 sein, andere x_i können aber Null sein.) Wir wollen nun die Punkte, die Endpunkte von Strecken der Länge r sind, sammeln, indem wir nacheinander die Kreise $P_1(r)$, $P_2(r)$, ..., $P_n(r)$ untersuchen. Offensichtlich liegen auf dem Kreis $P_i(r)$ x_i dieser Punkte. Z bezeichne die Gesamtzahl dieser Punkte.

Auf $P_1(r)$ liegen $x_1 \geq 1$ der fraglichen Punkte. Es gilt daher $Z \geq x_1$. Auf $P_2(r)$ liegen x_2 dieser Punkte. Weil diese beiden Kreise einander schneiden können (Bild 113), ist es möglich, daß (höchstens) 2 dieser x_2 Punkte auf $P_2(r)$ schon bei den auf $P_1(r)$ liegenden Punkten mitgezählt worden sind. Die Anzahl der verschiedenen Punkte auf $P_1(r)$ und $P_2(r)$ ist also mindestens so groß wie $x_1 + (x_2 - 2)$. Deswegen gilt $Z \geq x_1 + (x_2 - 2)$. Weiters liegen auf $P_3(r)$ x_3 Punkte. Davon können aber (höchstens) $2 \cdot 2 = 4$ schon früher gezählt worden sein. Sicher kommen aber mindestens $x_3 - 4$ neue Punkte hinzu, was insgesamt $x_1 + (x_2 - 2) + (x_3 - 4)$ Punkte liefert. Geht man so von Kreis zu Kreis weiter, erhält man also

$$x_1 + (x_2 - 2) + (x_3 - 4) + \ldots + [x_i - 2(i-1)] \leq Z$$

für $i = 1, 2, \ldots, n$. Es ist aber $Z \leq n$, der Gesamtzahl von Punkten in der gegebenen Menge. Daraus folgt

$$\sum_{k=1}^{i} [x_k - 2(k-1)] \leq n \quad \text{für} \quad i = 1, 2, \ldots, n.$$

$n^{1/2}$ ist nicht notwendig ganzzahlig: a bezeichne den ganzzahligen Anteil von $n^{1/2}$, und f den „Bruchanteil". Das bedeutet also $n^{1/2} = a + f$, wobei a ganzzahlig ist und wobei für f die Beziehung $0 \leq f < 1$ gilt. Daraus folgt $a = n^{1/2} - f$ und $a^2 = n - 2fn^{1/2} + f^2$. Offensichtlich ist $0 < a < n$. Für $i = a$ liefert dann die obige Ungleichung

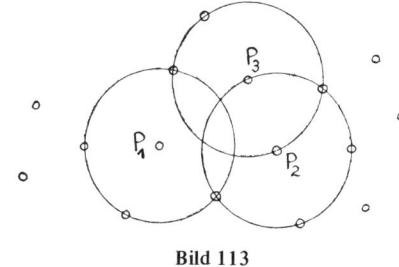

Bild 113

$$\sum_{k=1}^{a} [x_k - 2(k-1)] \leq n,$$

$$x_1 + (x_2 - 2) + (x_3 - 4) + \ldots + [x_a - 2(a-1)] \leq n,$$
$$x_1 + x_2 + \ldots + x_a - 2[1 + 2 + \ldots + (a-1)] \leq n,$$
$$x_1 + x_2 + \ldots + x_a - (a-1)a \leq n,$$

woraus

$$x_1 + x_2 + \ldots + x_a \leq n + a^2 - a$$
$$= n + n - 2fn^{1/2} + f^2 - n^{1/2} + f$$
$$= 2n - 2fn^{1/2} + (f^2 - n^{1/2} + f)$$

folgt.

Wegen $0 \leq f < 1$ gilt auch $0 \leq f^2 < 1$. Außer im bekannten Fall $n = 3$ gilt immer $n^{1/2} \geq 2$, was bewirkt, daß $f^2 - n^{1/2} + f$ negativ ist. Das führt zu

$$x_1 + x_2 + \ldots + x_a < 2n - 2fn^{1/2} = 2n^{1/2}(n^{1/2} - f),$$

oder zu

$$x_1 + x_2 + \ldots + x_a < 2n^{1/2} a.$$

Wegen $x_1 \geq x_2 \geq \ldots \geq x_n$ gilt

$$x_1 + x_2 + \ldots + x_a \geq x_a + x_a + \ldots + x_a = ax_a$$

woraus

$$ax_a < 2n^{1/2} a \quad \text{und} \quad x_a < 2n^{1/2} \quad \text{folgt.}$$

Aus $x_a \geq x_{a+1} \geq \ldots \geq x_n$ erhält man

$$x_{a+1} + x_{a+2} + \ldots + x_n \leq (n-a) x_a,$$

oder

$$x_{a+1} + x_{a+2} + \ldots + x_n < (n-a) 2n^{1/2}.$$

Das schließlich führt zu

$$\sum_{i=1}^{n} x_i = (x_1 + x_2 + \ldots + x_a) + (x_{a+1} + \ldots + x_n)$$
$$< 2n^{1/2} a + (n-a) 2n^{1/2}$$
$$= 2n^{1/2} \cdot n$$
$$= 2n^{3/2}$$

woraus endlich $X = \dfrac{1}{2} \displaystyle\sum_{i=1}^{n} x_i < n^{3/2}$ folgt..

13 Eine Aufgabe aus dem Putnam Wettbewerb

Die Putnam-Prüfung ist ein jährlich stattfindender Wettbewerb für Mathematikstudenten nordamerikanischer Universitäten. Die gestellten Aufgaben sind sehr herausfordernd und verlangen oft beträchtlichen Scharfsinn. Wir wollen hier zwei Lösungen der interessanten fünften Aufgabe aus dem Wettbewerb des Jahres 1977 aufgreifen.

Bei einem Spiel kann man entweder a oder b Punkte erreichen, wobei a, b positive ganze Zahlen mit b < a sind. Außerdem sei bekannt, daß es 35 nicht erreichbare Gesamtpunktzahlen gibt, von denen eine 58 ist. Was sind dann die Zahlenwerte von a und b?

Gesamtpunktzahlen haben die Form ax + by, wobei x, y nichtnegative ganze Zahlen sind, die dadurch bestimmt sind, daß man beim Spiel x Mal a Punkte und y Mal b Punkte erhält. Sind a und b durch die natürliche Zahl d teilbar, dann ist jede Gesamtpunktzahl ein Vielfaches von d. Ist d > 1, so gibt es unendlich viele natürliche Zahlen, die nicht durch d teilbar sind. Wenn daher d > 1 ein Teiler von a und von b wäre, so würde es unendlich viele unerreichbare Gesamtpunktzahlen geben und nicht nur 35. Folglich sind a und b teilerfremd zueinander.

Lösung 1

Bedingt durch bestimmte Kongruenzbeziehungen unterscheidet eine Spaltentabelle der Restklassen (modulo a) die unerreichbaren Gesamtpunktzahlen in einfacher Weise von den unendlich vielen erreichbaren. Der Schlüssel dazu liegt in den ersten a Vielfachen von b: $0, b, 2b, \ldots, (a-1)b$. Weil a und b relativ prim zueinander sind, kommt je eines dieser Vielfachen in jeder Spalte der Restklassentabelle vor. Jedes Vielfache mb ist offensichtlich erreichbar (m Mal b Punkte, kein Mal a Punkte).

Bemerkenswert ist dabei, daß in jeder Spalte die Zahlen unter den selben erwähnten Vielfachen erreichbar sind, wohingegen keine Zahl darüber erreicht werden kann, Tabelle 114 veranschaulicht den Fall a = 13, b = 5. Die „Schlüsselvielfachen" sind 0, 5, 10, ..., 55, 60.

Tabelle 114

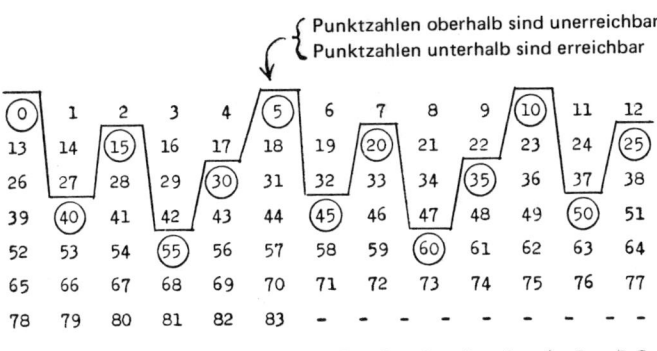

Die Spalten der Restklassen sind bloß arithmetische Folgen mit Differenz a. Die Zahlen unter einem Tabellenwert n sind also von der Form n + ka, k = 1, 2, 3, ... Folglich gilt für erreichbares n, daß auch die darunterliegenden Zahlen n + ka erreichbar sind, weil man ja nur k Mal öfter die Punktzahl a zu n addieren muß.

pb und qb seien nun zwei verschiedene „Schlüsselvielfache" von b; d. h., $p \neq q$ und $p, q \in \{0, 1, 2, ..., (a-1)\}$. Kommen dabei diese Vielfachen in der selben Spalte der Tabelle vor, so gilt

$$pb \equiv qb \pmod{a},$$

woraus

$$b(p-q) \equiv 0 \pmod{a} \quad \text{folgt.}$$

Weil a und b relativ prim zueinander sind, ergibt das $p - q \equiv 0 \pmod{a}$ und $p \equiv q \pmod{a}$.

Nun sind aber p und q voneinander verschiedene Zahlen kleiner als a, weswegen sie in verschiedenen Restklassen modulo a liegen müssen. Aus diesem Widerspruch folgt daher, daß keine zwei Schlüsselvielfache von b in derselben Tabellenspalte auftreten können. Weil es so viele Schlüsselvielfache gibt wie Spalten, muß in jeder Spalte genau eines dieser Vielfachen liegen.

Jetzt zeigen wir, daß in jeder Spalte die Zahlen über den Schlüsselvielfachen von b unerreichbar sind. Wenn mb ein solches Vielfaches bezeichnet, so gilt $0 \leq m < a$. Eine Zahl dieser Spalte über mb ist daher durch mb − ka gegeben, wobei k eine positive ganze Zahl ist. Wäre diese Zahl erreichbar, so müßte mb − ka = ax + by gelten mit gewissen nichtnegativen ganzen Zahlen x und y. Das führt zu

$$by \leq ax + by = mb - ka < mb,$$

oder zu by < mb, woraus y < m folgt. m und y sind daher zwei verschiedene Zahlen kleiner als a, die folglich modulo a nicht kongruent zueinander sind.

Andererseits sind zwei Zahlen der selben Spalte zueinander kongruent modulo a. Folglich muß mb ≡ mb − ka (mod a) oder mb ≡ ax + by (mod a) gelten. Das ergibt

$$mb \equiv by \,(\text{mod } a) \quad \text{und} \quad m \equiv y \,(\text{mod } a),$$

weil a und b relativ prim zueinander sind. Wir erhalten daher einen Widerspruch, weswegen alle Zahlen über den Schlüsselvielfachen von b unerreichbar sind. Offensichtlich sind das aber auch alle unerreichbaren Gesamtpunktzahlen.

Weil die Anzahl der unerreichbaren Gesamtpunktzahlen in der Aufgabe angegeben ist, können wir eine allgemeine Formel für diese Anzahl zur Lösung verwenden. Das Vielfache mb trete in der Spalte r auf. Dann gilt mb = r + ka für eine gewisse nichtnegative ganze Zahl k. mb ist also die (k + 1)-te Zahl in der Spalte r. Darüber liegen folglich genau k unerreichbare Punktzahlen. Die Gesamtanzahl der unerreichbaren Gesamtpunktzahlen ist daher durch die Summe all dieser Zahlen k für alle Spalten gegeben. In jeder Spalte gilt für das sich darin befindliche Schlüsselvielfache die Relation

$$mb = r + ka,$$

wobei m und r geeignete Werte aus dem Bereich $\{0, 1, 2, \ldots, (a-1)\}$ sind. In allen Spalten insgesamt kommt jeder der Werte $0, 1, 2, \ldots, (a-1)$ genau einmal als Wert von m und auch als Wert von r vor.

Summiert man daher über alle Spalten, so gilt für m und r

$$\Sigma m = \Sigma r = 0 + 1 + 2 + \ldots + (a-1) = \frac{(a-1)a}{2}.$$

Addiert man alle Gleichungen mb = r + ka zueinander, so folgt daraus

$$b \cdot \Sigma m = \Sigma r + a \cdot \Sigma k,$$

$$b \cdot \frac{(a-1)a}{2} = \frac{(a-1)a}{2} + a \cdot \Sigma k,$$

$$b \cdot \frac{(a-1)}{2} = \frac{(a-1)}{2} + \Sigma k,$$

was für die gewünschte Anzahl der unerreichbaren Gesamtpunktzahlen die Gleichung

$$\Sigma k = \frac{(a-1)(b-1)}{2}$$

ergibt.

Dementsprechend gilt $\frac{1}{2}(a-1)(b-1) = 35$ oder $(a-1)(b-1) = 70$. Weil a, b positive ganze Zahlen sind mit $a > b$, sind die einzig möglichen Wertepaare durch (70, 1), (35, 2), (14, 5) und (10, 7) gegeben. Für das Paar (a, b) liefert das die Möglichkeiten (71, 2), (36, 3), (15, 6) und (11, 8). Weil a und b relativ prim zueinander sind, fallen die Paare (36, 3) und (15, 6) aus. Wäre b = 2, so wäre 58 nicht unerreichbar. Die einzig möglichen Werte sind daher a = 11 und b = 8.

Nebenbei bemerkt tritt die größte unerreichbare Gesamtpunktzahl, in der Tabelle unmittelbar über dem größten Schlüsselvielfachen von b, nämlich (a−1) b, auf. Diese Zahl ist durch (a−1) b − a = (a−1)(b−1) − 1 gegeben. Folglich sind die Zahl (a−1)(b−1) und alle Zahlen größer als diese erreichbare Gesamtpunktzahlen.

Lösung 2

Eine nette Herleitung der Formel für die Zahl der unerreichbaren Gesamtpunktzahlen kann mit Hilfe der Gitterpunkte (x, y) einer Koordinatenebene durchgeführt werden. Die Lösung kann dann genau so wie gerade vorhin abgeschlossen werden.

Einer Gesamtpunktzahl m werden alle Paare nichtnegativer ganzer Zahlen (x, y) mit ax + by = m zugeordnet. Das bedeutet, daß jeder dieser Punktzahlen die Gitterpunkte im ersten Quadranten entsprechen, die auf der Geraden ax + by = m liegen (Bild 115). Offensichtlich liefert jeder Gitterpunkt im ersten Quadranten auf der Geraden ax + by = m eine Möglichkeit, m als Gesamtpunktzahl darzustellen. Weil a und b positiv sind, ist die Steigung − a/b von ax + by = m negativ. Folglich schneidet die Gerade ax + by = m den ersten Quadranten nur längs einer Strecke, nämlich der Strecke zwischen den Punkten A(m/a, 0) und B(0, m/b). m ist daher erreichbar genau dann, wenn die Strecke AB mindestens einen Gitterpunkt (x, y) enthält; dabei sind auch A oder B als Gitterpunkte möglich.

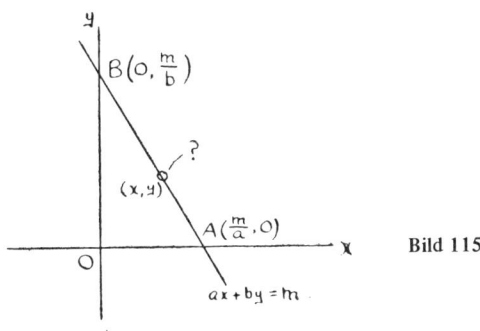

Bild 115

Jetzt untersuchen wir ganz allgemein, welche der Geraden ax + by = m (m eine nichtnegative ganze Zahl) Gitterpunkte enthalten. Der Euklidische Algorithmus liefert eine ganzzahlige Lösung (x, y) der Gleichung ax + by = d, wo d der größte gemeinsame Teiler von a und b ist. In unserem Fall existiert daher eine ganzzahlige Lösung von ax + by = 1, weil a und b teilerfremd zueinander sind. Folglich gibt es für m = 0, 1, 2, ... ganzzahlige Lösungspaare mit a(mx) + b(my) = m. Folglich geht jede unserer Geraden durch einen Gitterpunkt − nämlich durch (mx, my). Die Frage ist nur, ob eine Lösung im ersten Quadranten liegt oder nicht.

Ist P(x, y) ein Gitterpunkt auf der Geraden ax + by = m, dann liegt auch der Gitterpunkt Q(x + b, y − a) auf dieser Geraden:

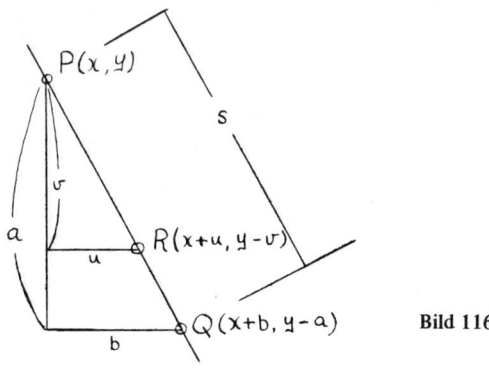

Bild 116

$a(x + b) + b(y - a) = ax + by = m$. Zusätzlich (vgl. Bild 116) gilt, daß kein weiterer Gitterpunkt $R(x + u, y - v)$ zwischen P und Q auf der Geraden $ax + by = m$ liegen kann. Sonst wären ja die Steigungen $-a/b$ und $-v/u$ einander gleich, wobei v und u natürliche Zahlen sind mit $v < a$ und $u < b$. Das ergäbe aber, daß der Bruch a/b nicht vollständig gekürzt ist, was einen Widerspruch darstellt, da a und b relativ prim zueinander sind. Ein ganz ähnliches Argument zeigt, daß die gleiche Situation für den zweiten von $P(x, y)$ ausgehenden Halbstrahl auf dieser Geraden zutrifft. Zusammenfassend erkennt man daher, daß für $m = 0, 1, 2, \ldots$ die Gerade $ax + by = m$ unendlich viele Gitterpunkte enthält, die auf der Geraden im Abstand $s = \sqrt{a^2 + b^2}$ voneinander auftreten. Die Bedeutung dabei ist die, daß jedes Intervall der Länge $t \geqslant s$ auf der Geraden mindestens einen Gitterpunkt enthält und daß jedes Intervall der Länge $t < s$ höchstens einen solchen enthält. Folglich haben Geraden $ax + by = m$, die den ersten Quadranten weitab vom Ursprung durchqueren, Abschnitte in diesem Quadranten, die so groß sind, daß sie einen Gitterpunkt enthalten müssen, weswegen das entsprechende m erreichbar ist. Die nahe am Ursprung liegenden Geraden können durch einen Gitterpunkt des ersten Quadranten gehen oder auch nicht. Dabei ist klar, daß die Gerade $ax + by = m$, deren Abschnittslänge gleich s ist, diese beiden Klassen von Geraden voneinander trennt. Der Abschnitt im ersten

Quadranten der Geraden ax + by = m ist die Strecke zwischen (m/a, 0) und (0, m/b); diese Strecke hat die Länge

$$\sqrt{\frac{m^2}{a^2} + \frac{m^2}{b^2}} = m \sqrt{\frac{1}{a^2} + \frac{1}{b^2}}$$

$$= m \cdot \sqrt{\frac{a^2 + b^2}{a^2 b^2}} = \frac{m}{ab} \cdot s.$$

Damit diese Länge gleich s ist, muß m = a · b gelten. In diesem Fall sind die Schnittpunkte mit den Koordinatenachsen U(b, 0) und V(0, a) selbst Gitterpunkte (Bild 117). Für m ⩾ ab geht also die Gerade ax + by = m durch einen Gitterpunkt im ersten Quadranten, und m ist erreichbar. Im Fall m > ab ist damit ein wichtiges Ergebnis der Diophantischen Analysis gezeigt:

Für positive ganze Zahlen a und b gibt es im Fall c > ab eine Lösung (x, y) der Gleichung ax + by = c, die aus positiven ganzen Zahlen besteht.

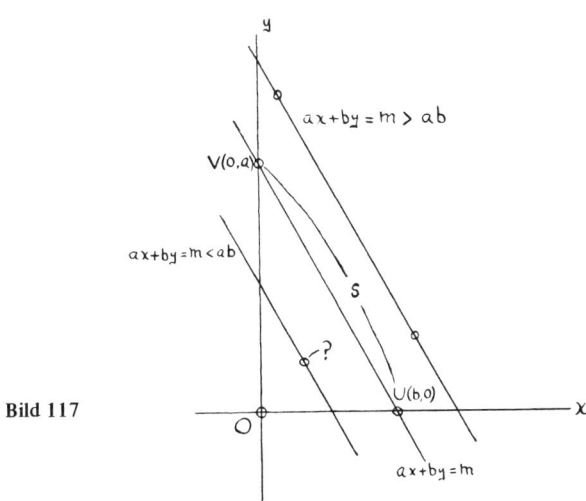

Bild 117

(In diesem Fall ist die Länge des Abschnittes größer als s, weswegen ein Gitterpunkt im *Inneren* des Abschnittes liegen muß, dieser liefert dann die positive Lösung.) Für uns ist aber vor allem wichtig, daß alle unerreichbaren Punkte unter den ab Zahlen 0, 1, 2, ..., (ab−1) zu finden sind. Die genaue Anzahl der unerreichbaren Zahlen ist gegeben als Differenz zwischen ab und der Anzahl der erreichbaren Zahlen zwischen 0 und (ab − 1). Die abschließende Aufgabe besteht daher darin zu bestimmen, wieviele erreichbare Zahlen in diesem Bereich liegen.

Wir haben gesehen, daß die Schnittpunkte mit den Koordinatenachsen U und V auf der kritischen Geraden ax + by = ab selbst Gitterpunkte sind, die den Abstand s voneinander haben. Dazwischen liegt daher kein weiterer Gitterpunkt. Alle Geraden ax + by = m mit m = 0, 1, 2, ..., (ab − 1) durchqueren den ersten Quadranten im Dreieck 0UV. Sie stellen eine Schar paralleler Geraden dar, wobei der Abstand zweier benachbarter Geraden immer gleich ist (Bild 118). Jeder Geraden ax + by = m, die durch einen Gitterpunkt im Dreieck 0UV geht, entspricht einer erreichbaren Punktzahl m; die anderen entsprechen unerreichbaren. Es wäre denkbar, daß davon manche Gitterpunkte im Dreieck betroffen sind und andere nicht. Wir werden aber gleich zeigen, daß jeder Gitterpunkt im Dreieck auf einer Geraden unserer Schar liegt. Weil die Abschnittslängen kleiner als s sind, kann keine Gerade mehr als einen der Gitterpunkte im Dreieck 0UV enthalten. Da die Ecken U und V der Geraden ax + by = ab ent-

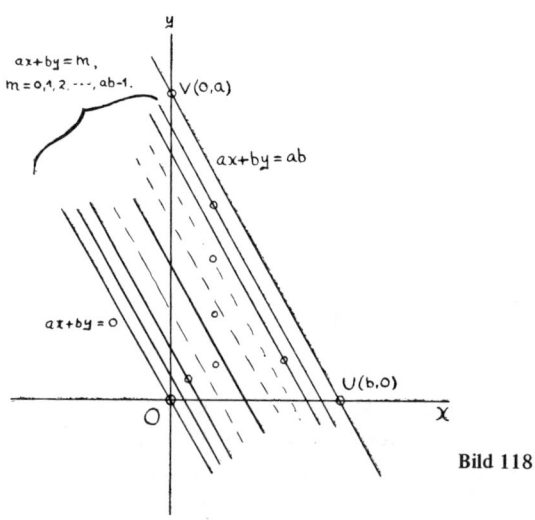

Bild 118

sprechen, zählen diese Punkte — wegen m < ab — nicht zu den Gitterpunkten des Dreiecks, die uns interessieren. m = 0 ist aber sehr wohl zu untersuchen (m = 0, 1, 2, ..., (ab − 1)). Deswegen zählen wir den Ursprung als Gitterpunkt des Dreiecks. Die Gerade ax + by = 0 geht durch den Ursprung, weswegen 0 erreichbar ist. Nun beweisen wir, daß jeder vom Ursprung verschiedene Gitterpunkt (x', y') im Dreieck auf einer Geraden unserer Schar liegt.

Dazu betrachten wir die Gerade durch (x', y') parallel zu den Geraden der Schar und zeigen, daß sie sogar der Schar angehört. Jede Gerade mit der Steigung −a/b hat eine Gleichung der Form ax + by = k, die Gerade durch (x', y') mit dieser Steigung erfüllt dann diese Gleichung mit k = ax' + by' (Bild 119). Weil a, b, x', y' nichtnegative ganze Zahlen sind, ist k ebenfalls nichtnegativ. Der Abschnitt der Geraden auf der x-Achse ist k/a. Weil (x', y') im Dreieck 0UV liegt und weil die Gerade nicht die durch U und V bestimmte ist, ist dieser Abschnitt eine reelle Zahl kleiner als die Länge b der Seite 0U. Es gilt also 0 ⩽ k/a < b oder 0 ⩽ k < ab. Als natürliche Zahl muß k dann eine der Zahlen 0, 1, 2, ..., (ab − 1) sein, weswegen ax + by = k eine der Geraden ax + by = m unserer Schar ist.

Den Abschluß bildet die Abzählung der Gitterpunkte t im Dreieck 0UV, wobei U und V ausgelassen werden.

Im abgeschlossenem Rechteck mit den Ecken (0, 0), (b, 0), (b, a) und (0, a), das man durch Spiegelung des Dreiecks 0UV am

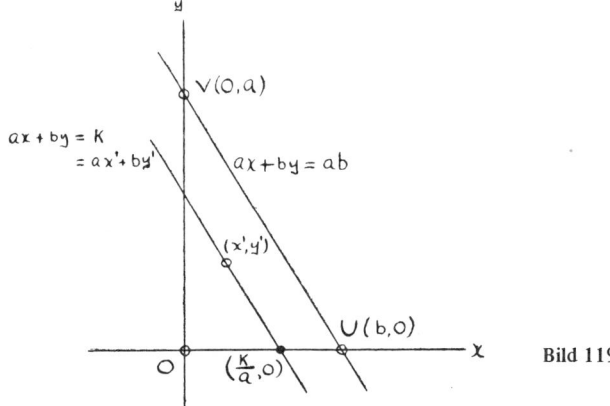

Bild 119

Mittelpunkt der Strecke UV erhält (Bild 120), gibt es — U und V eingeschlossen — $2t + 2$ Gitterpunkte. Die Dimensionen des Rechteckes sind a und b, weswegen es $(a + 1)(b + 1)$ Gitterpunkte enthält. Daraus ergibt sich die Gleichung $2t + 2 = (a + 1)(b + 1)$ oder

$$t = \frac{1}{2}(a + 1)(b + 1) - 1.$$

Das ist die Anzahl der erreichbaren Punkte im betrachteten Bereich, weswegen für die Anzahl der unerreichbaren Punkte $ab - t$ gilt:

$$ab - t = ab - \frac{1}{2}(a + 1)(b + 1) + 1$$

$$= \frac{1}{2}(a - 1)(b - 1).$$

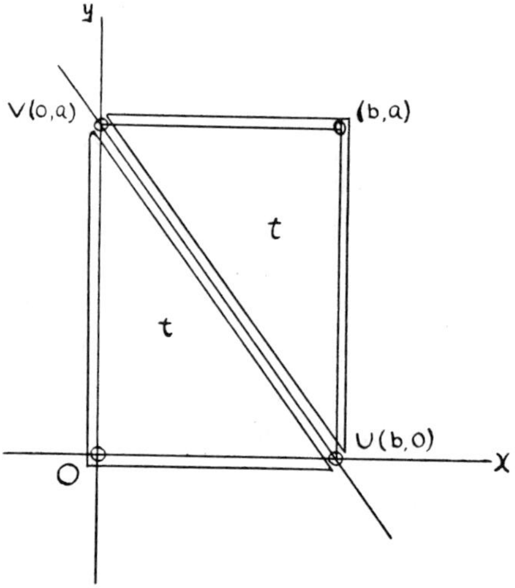

Bild 120

Übungen zu Kapitel 13

(13.1) Es werden 9 Gitterpunkte im dreidimensionalen Raum zufällig bestimmt (d.h. Punkte (x, y, z), wobei x, y, z ganze Zahlen sind). Beweise, daß mindestens eine Verbindungsstrecke je zweier dieser Punkte einen Gitterpunkt enthält.

Literaturangaben

[1] J. H. McKay, The William Lowell Putnam Mathematical Competition, Amer. Math. Monthly, 79 (1973) 170—179, insbesondere Problem A-5, 174—175.

14 Der Lovászsche Beweis eines Satzes von Tutte

In letzter Zeit hat die Graphentheorie die Mathematik um einen ganzen Strom von Ergebnissen, Techniken und Problemen bereichert. Im Mai 1973 gab der hochbegabte, junge ungarische Mathematiker László Lovász einen neuen Beweis eines tiefliegenden Satzes von W. T. Tutte. Mit meisterlicher Hand erhielt Lovász das tiefliegende Ergebnis von Tutte durch eine einfache und schöne Gedankenkette.

14.1 Einführung

Um den Lovászschen Beweis zu verstehen, ist es nicht nötig, alle Feinheiten einer strengen Darstellung des Gegenstandes zu wiederholen. Den Hintergrund aber muß man doch darstellen. Unter einem Graphen verstehen wir eine endliche Menge undefinierter Objekte, Ecken genannt, zusammen mit einer endlichen Menge von Kanten, von denen jede ein Paar verschiedener Ecken verbindet. Für unsere Zwecke reicht es, sich die Graphen durch ihre geometrische Darstellung zu veranschaulichen, wobei die Ecken Punkte und die Kanten Kurvenbögen sind. Verschiedene Anordnungen, die denselben Graphen darstellen, sind gleichwertig. Unsere Untersuchungen müssen die Art des zugrundeliegenden Graphen betreffen und nicht die wechselnden Darstellungen. In der Graphentheorie ist es im allgemeinen nebensächlich, wie die Ecken angeordnet sind und ob die Kanten gerade oder gekrümmt dargestellt werden, wobei auch noch egal ist, ob die Kanten einander schneiden oder nicht. Mögliche Schnittpunkte werden dabei aber nicht als zusätzliche Ecken eines Graphen betrachtet.

Es gibt viele verschiedene Arten von Graphen. Der Gegenstand des Tutteschen Satzes ist die Charakterisierung der Graphen, die eine sogenannten ,,1-Faktor" enthalten. Der Graph G habe n Ecken. Dann ist ein 1-Faktor von G einfach eine Menge von n/2 separierter Kanten, die zusammen alle n Ecken als Endpunkte enthalten. „Separiert" bedeutet dabei, daß keine zwei Kanten eine gemeinsame Ecke haben. Einen 1-Faktor nennt man auch ein „Matching". (Vgl. Bild 121.) Einige Beobachtungen drängen sich unmittelbar auf.

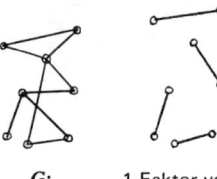

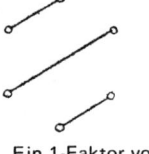

G: 1-Faktor von   K: Ein vollständiger Graph mit 6 Ecken   Ein 1-Faktor von   Bild 121

1. Enthält G einen 1-Faktor, dann gilt
   (i) G hat eine gerade Anzahl von Ecken
   (ii) G hat keine isolierte Ecke (= eine Ecke, die mit keiner Kante inzidiert).
2. Ist G ein vollständiger Graph (d.h. ein Graph, in dem jedes Paar von Ecken durch eine Kante verbunden ist) mit gerader Eckenzahl, dann enthält G einen 1-Faktor.
3. Ist G ein vollständiger Graph mit ungerader Eckenzahl, dann kann man durch separierte Kanten alle Ecken bis auf einen zu Paaren zusammenfassen.

Die separierten Teile eines Graphen heißen seine „Komponenten". Zwei Ecken liegen in der gleichen Komponente genau dann, wenn es eine Kantenfolge gibt, die einen Weg zwischen diesen beiden Ecken ergibt. Zwischen Ecken in verschiedenen Komponenten kann es keinen solchen Weg geben. Eine Komponente heißt gerade oder ungerade je nachdem, ob ihre Eckenzahl gerade oder ungerade ist.

Es ist keineswegs überraschend, daß durch Streichung einer Teilmenge S der Eckenmenge eines Graphen und der Kanten, die mit einer Ecke aus S inzidieren, der ursprüngliche Graph zerfällt. Diese Methode zur Reduzierung eines Graphen wird im folgenden eine wichtige Rolle spielen. Natürlich erhält man durch Streichung verschiedener Teilmengen S verschiedenartige Erkenntnisse über einen Graphen. Den Graphen, des durch Streichung der Teilmenge S (und der zugehörigen Kanten) aus dem Graphen G entsteht, wird mit G-S bezeichnet (Bild 122).

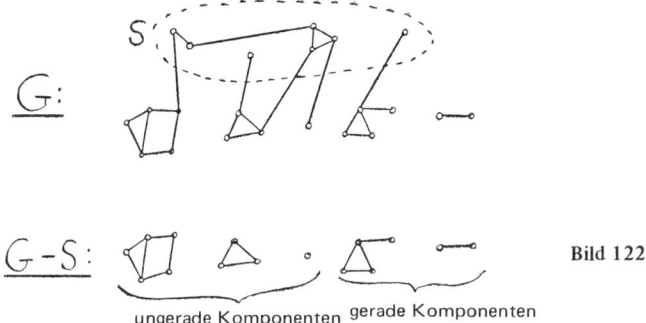

Bild 122

ungerade Komponenten   gerade Komponenten

In einem gegebenen Graphen werde eine Teilmenge S der Eckenmenge gewählt und der dadurch entstehende Graph G-S bestimmt. Die Anzahl der ungeraden Komponenten in G-S wird mit S′ bezeichnet. Ein 1-Faktor von G führt zu einer Paarbildung unter den Ecken. Wir betrachten die möglichen Matchings der zu G-S gehörigen Eckenmenge (Bild 123). Es kann vorkommen, daß die Ecken einer geraden Komponente durch eine Menge separierter Kanten der selben Komponente zu Paaren zusammengefaßt werden. In einer ungeraden Komponente aber muß mindestens eine Ecke notwendigerweise mit einer außerhalb dieser Komponente liegenden Ecke verbunden werden. In einem 1-Faktor von G gibt es daher mindestens S′ Ecken von G-S (mindestens eine in jeder ungeraden Komponente), die zur Paarbildung Ecken außerhalb der zugehörigen Komponente benötigen. Weil es keine Kanten zwischen verschiedenen Komponenten gibt,

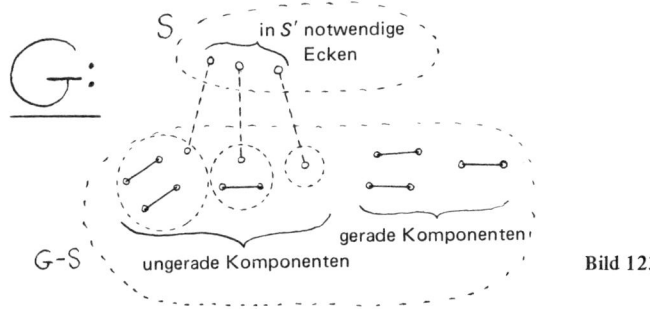

Bild 123

können dazu nur Ecken aus S verwendet werden. Außerdem können nicht zwei Ecken in G-S mit derselben Ecke von S gepaart werden, weil die Kanten eines 1-Faktors separiert liegen. Enthält also G einen 1-Faktor, so muß S mindestens S' verschiedene Ecken enthalten und außerdem eine Kantenmenge, die das verlangte Matching ermöglicht. Vernachlässigt man diese letzte Anforderung an einer geeigneten Kantenmenge, so erhält man eine schwache notwendige Bedingung für die Existenz eines 1-Faktors im Graphen G ($|S|$ bezeichnet die Anzahl der Ecken in der Teilmenge S):

Für jede Teilmenge S der Eckenmenge gilt $|S| \geqslant S'$.

Diese Bedingung ist auch für die leere Menge $\emptyset$ notwendig. Im Falle $S = \emptyset$ gilt $|S| = 0$ und $G-S = G - \emptyset = G$. Ein Graph mit einem 1-Faktor kann keine ungeraden Komponenten enthalten, weil es in einer ungeraden Komponente mindestens eine Ecke gäbe, die nicht mit einer anderen gepaart werden kann. Daher muß $S' = 0$ sein, weswegen $|S| \geqslant S'$ richtig ist. Die großartige Leistung von Tutte im Jahr 1946 war es, gezeigt zu haben, daß diese offensichtlich schwache notwendige Bedingung tatsächlich eine notwendige und hinreichende Bedingung für die Existenz eines 1-Faktors in einem Graphen G ist. (The factorization of linear graphs. J. London Math. Soc., Vol. 22 (1947) 107–111).

14.2 Vorbereitungen

Unser Ziel ist zu zeigen, daß G einen 1-Faktor besitzt, falls $|S| \geqslant S'$ gilt für jede Teilmenge S.

(a) Der erste Schritt ist der Nachweis, daß G eine gerade Zahl an Ecken enthält. Wie wir soeben gesehen haben gilt $|S| = 0$ für $S = \emptyset$ und außerdem noch $G-S = G$. Wegen $|S| \geqslant S'$ ist $S' = 0$. Folglich enthält G keine ungeraden Komponenten. Weil G also nur gerade Komponenten enthält, ist die Gesamteckenzahl in G ebenfalls gerade.

(b) Nun zeigen wir, daß die Einfügung einer Kante x, die in G nicht vorkommt, einen neuen Graphen G' ergibt, der ebenfalls die Bedingung $|S| \geqslant S'$ erfüllt.

Da G und G' die gleiche Eckenmenge haben, handelt es sich bei Betrachtung von G' um dieselben Teilmengen S und die selben Zahlen $|S|$. Es ist nicht schwer, sich davon zu überzeugen, daß das

Einfügen einer Kante die Zahl der ungeraden Komponenten nicht erhöhen kann. Verbindet zum Beispiel x zwei ungerade Komponenten miteinander, dann erhält man dabei eine gerade Komponente und S' wird um 2 kleiner. In allen anderen Fällen bleibt S' gleich; beispielsweise, wenn x zwei Ecken von S miteinander verbindet, dann fällt diese Kante gemeinsam mit S weg und G'-S stimmt mit G-S überein. Wegen $|S| \geq S'$ in G ist diese Ungleichung auch für G' richtig.

(c) Die weitere Gültigkeit von $|S| \geq S'$ beim Einfügen einer fehlenden Kante und deswegen auch beim Einfügen einer beliebigen Zahl fehlender Kanten führt zu einem der Schlüsselpunkte im Beweis.

Nimmt man an, daß der Graph G mit einer geraden Eckenzahl keinen 1-Faktor enthält, so kann das Einfügen einer fehlenden Kante sehr wohl bewirken, daß der neue Graph einen solchen besitzt. Weil wir das Entstehen eines 1-Faktors vermeiden wollen, fügen wir nur solche Kanten hinzu, die im sich dabei ergebenden neuen Graphen keinen 1-Faktor vervollständigen. Wir untersuchen jede fehlende Kante: die, die keinen 1-Faktor liefern, nehmen wir wieder aus dem Graphen heraus. Nach der Untersuchung aller fehlenden Kanten erhalten wir einen Graphen G*, der keinen 1-Faktor enthält, der aber „gesättigt" ist in dem Sinne, daß jetzt die Hinzufügung einer beliebigen fehlenden Kante einen 1-Faktor vervollständigt (sonst würde diese Kante ja gar nicht fehlen). Weil die Eckenzahl gerade ist, kann G* kein vollständiger Graph sein (sonst würde ja G* einen 1-Faktor enthalten). G* ist daher nicht vollständig und gesättigt. Im allgemeinen wird man verschiedene gesättigte Graphen erhalten, wenn man fehlende Ecken in verschiedener Reihenfolge einfügt. Für alle gilt aber die Bedingung $|S| \geq S'$. Lovász nützt nun geschickt das Konzept eines gesättigten Graphen aus.

14.3 Der Beweis von Lovász

Lovász geht indirekt vor. Dazu sei G ein Graph ohne 1-Faktor in dem aber $|S| \geq S'$ für alle Teilmengen S gilt. Aus dieser Annahme leiten wir einen Widerspruch ab.

Wir haben schon gesehen, daß G eine gerade Zahl von Ecken hat. Weil G keinen 1-Faktor besitzt, ist G deswegen nicht vollständig. Fügen wir geeignete Kanten ein, so erhalten wir eine Einbettung von

G in einen gesättigten Graphen G*, der ebenfalls keinen 1-Faktor enthält und der ebenfalls nicht vollständig ist. Dabei ist es nebensächlich, welchen der möglichen gesättigten Graphen man dabei bekommt. Allein die Eigenschaft, daß G* keinen 1-Faktor enthält, wird uns am Schluß den gewünschten Widerspruch liefern. Ab jetzt betrachten wir den Graphen G*.

S bezeichne die — möglicherweise leere — Menge derjenigen Ecken in G*, die mit *allen* anderen Ecken von G* verbunden sind. Man kann sich leicht vorstellen, wie verschiedenartig diese Menge S in verschiedenen Fällen aussehen kann. Hier einhakend kam Lovász zu der Vermutung, daß jede Komponente von G*-S ein vollständiger Graph ist; sein erstaunlicher Scharfsinn versetzte ihn dann sogar in die Lage, das zu beweisen. Der Beweis des Satzes folgt dann fast unmittelbar aus diesem Meisterstück. Wir fahren mit dem folgenden Lemma fort:

(a) *Sind* A, B, C *Ecken in* G*-S, *so daß die Kanten* AB *und* BC *in* G*-S *als Kanten vorkommen, so tritt in* G*-S *die Kante* AC *ebenfalls auf.*

Dieses Lemma stellt den Angelpunkt des gesamten Beweises dar. Wir gehen wieder indirekt vor. Es sei dazu angenommen, daß die Kante AC in G*-S nicht vorkommt. (Vgl. Bild 124.)

Weil G* gesättigt ist, ist es im allgemeinen nützlicher, eine im Graphen nicht auftretenden Kante zu kennen, als eine, die dort vorkommt. Folglich liefert uns das Einfügen der Kante AC im gesättigten Graphen einen Graphen G* ∪ AC, der einen 1-Faktor zuläßt.

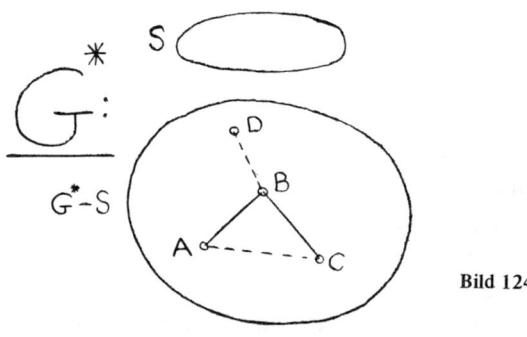

Bild 124

Gibt es mehr als einen, dann wählen wir einen aus und nennen ihn M. Kommt die Kante AC in M nicht vor, dann hätte G* selbst schon ohne AC einen 1-Faktor, was aber nicht der Fall ist. AC ist also eine Kante in M.

Weil die Ecke B in G*-S vorkommt, ist sie keine der in S liegenden ausgezeichneten Ecken, die mit allen anderen verbunden sind. Es gibt daher eine Ecke D, die mit B nicht durch eine Kante verbunden ist. Diese Ecke D liegt auch in G*-S, weil es ja sonst eine Kante zwischen D und B gäbe. Durch Hinzufügen der Kante BD zum gesättigten Graphen G* kommt man zu einem Graphen G* ∪ BD mit einem 1-Faktor N (gibt es mehr als einen 1-Faktor, so sei N einer von diesen). BD ist eine der Kanten in N. Weil BD nicht einmal in G* ∪ AC auftritt, ist diese Kante auch keine Kante in M. Ebenso kann AC keine Kante in N sein. M und N sind daher voneinander verschieden, obwohl sie gemeinsame Kanten besitzen können.

Nun färben wir die Kanten von M rot und die von N schwarz; dann entfernen wir die gleichzeitig in M und N liegenden Kanten. Dabei müssen zumindest die rote Kante AC und die schwarze Kante BD übrig bleiben. Man kann leicht zeigen, daß noch weitere Kanten von M und N zurückgeblieben sind. XY sei eine rote Kante, die die Streichung überlebt hat (zumindest AC kann die Rolle von XY spielen). Weil XY nicht gestrichen worden ist, kann XY nicht auch noch schwarz sein (vgl. Bild 125). Der 1-Faktor N aber bewirkt eine

Legende: _ _ _ _ _ _ _ _ rot
─────────── schwarz

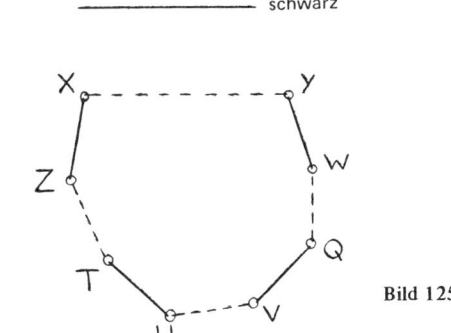

Bild 125

vollständige Paarung aller Ecken in G*. Folglich ist X ein Endpunkt einer schwarzen Kante XZ von N. Außerdem gibt es auch noch eine schwarze Kante YW in N. Weil XY nicht schwarz ist und weil die Kanten von N separiert liegen, sind Z und W voneinander und auch von den Ecken X und Y verschieden. XY ist eine rote Kante. Deshalb ist weder XZ noch YW rot, weswegen XZ und YW nicht M und N gemeinsam angehören. XZ und YW sind folglich nicht gestrichen worden.

Dieselbe Art des Vorgehens liefern die roten Kanten ZT und WQ, die ebenfalls den Streichvorgang überstanden haben. Dabei ist aber der Fall T = W und Q = Z möglich, wobei dann die roten Kanten ZT und WQ zu einer Kante (ZW) zusammenfallen. Das bewirkt die Existenz eines Kreises ZXYW aus abwechselnd roten und schwarzen Kanten. Im anderen Fall entsteht ein Weg TZXYWQ. Durch ähnliche Überlegungen kann man nun zeigen, daß aus der Existenz eines solchen nicht-geschlossenen Weges die Existenz entweder einer Verlängerung um zwei neue Kanten oder eines Kreises aus abwechselnd roten und schwarzen Kanten folgt. Weil die Kanten eines 1-Faktors separiert liegen, kann eine solche Verlängerung unmöglich auf eine Ecke des Bogens selbst zurückführen (außer wenn dadurch ein Kreis geschlossen wird, der die offenen Enden des Weges verbindet). Da G* nur endlich viele Ecken enthält, kann die Verlängerung eines Weges nicht unbeschränkt fortgesetzt werden. Das bedeutet, daß sich einmal der Weg zu einem Kreis abwechselnd roter und schwarzer Kanten schließen muß. Natürlich kann es in G* mehrere Kreise dieser Art geben.

Daß die nichtgestrichenen Kanten von M und N solche Kreise bilden, ist von äußerster Bedeutung für den Beweis. Wir richten unsere Aufmerksamkeit nun auf den Kreis K, der die überlebende Kante AC enthält. Zwei Fälle sind möglich: die ebenfalls überlebende Kante BD kommt in K vor oder nicht.

(i) BD *gehört dem Kreis K nicht an*: Die Kante BD allein vervollständigt in G* den schwarzen 1-Faktor N (vgl. Bild 126). Weil BD nicht zu K gehört, liegen die schwarzen Kanten von K in G*. AC aber vervollständigt den roten 1-Faktor M. Weil AC zu K gehört,

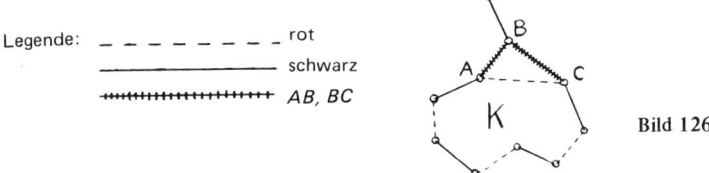

Bild 126

sind die roten Kanten von M, die in G*-K liegen — und somit nicht zu K gehören — auch Kanten von G*.

In M sind die roten Kanten von G*-K für eine Paarung der Ecken von G*-K verantwortlich. Was K selbst betrifft, so bilden hier die schwarzen Kanten eine Paarung. Die roten Kanten von M in G*-K zusammen mit den schwarzen Kanten von K formen daher einen 1-Faktor von G*. Weil alle beteiligten Kanten zu G* gehören, hat G* einen 1-Faktor. Widerspruch!

(ii) BD *gehört zu* K: Weder AB noch BC ist eine rote Kante in M (weil AC eine solche ist). AB und BC können auch nicht rote Kanten in N sein (BD ist ja eine solche). (Vgl. Bild 127.) Folglich sind AB und BC keine in K auftretenden Kanten. Die Anordnung der Punkte A, B, C, D in K ist entweder ADBC oder ABDC. Da das gleichwertige Fälle sind, sei o.B.d.A. angenommen, daß diese Anordnung durch ADBC gegeben ist. K_1 bezeichne den Weg in K zwischen B und C, der D nicht enthält.

Die Kanten von K haben abwechselnd die Farben Schwarz und Rot. Weil BD schwarz ist und AC rot, beginnt K_1 in B mit einer

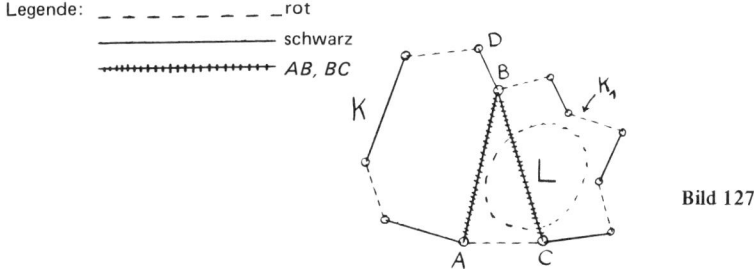

Bild 127

roten Kante und endet in C mit einer schwarzen. Fügt man die Kanten AB und AC zu K_1 hinzu, so erhält man einen Kreis L, in dem die Farben der Kanten einander abwechseln, wobei nur AB eine Ausnahme bildet. Insbesondere enthält L nicht die Kante BD. (Wie auch immer die Anordnung von A, D, B und C im Kreis K aussieht, immer kann die Kante AB oder die Kante BC dazu verwendet werden, einen Kreis wie L zu vervollständigen, der A, B und C aber nicht D enthält.) Folglich gehören alle schwarzen Kanten von L zu G*. Weil AC nicht in L liegt, liegen alle roten, nicht zu L gehörigen Kanten (die deshalb in G*-L liegen) in G*.

In M bewirken die roten Kanten von L eine Paarung der Ecken in L, die übrigen paaren die Ecken in G*-L. Die Ecken in L kann man aber gleicherweise auch mit Hilfe der schwarzen Kanten von L und der Kante AB paaren. Die Menge, bestehend aus der Kante AB, den schwarzen Kanten von L und den roten, nicht in L liegenden Kanten, bildet folglich einen 1-Faktor von G* (alle betrachteten Kanten gehören zu G*). Dieser zweite Widerspruch schließt den indirekten Beweis unseres fundamentalen Lemmas ab.

(b) *Die Komponenten von G*-S sind vollständig.*

Jetzt ist es ganz einfach zu zeigen, daß die Komponenten von G*-S vollständig sind, was bedeutet, daß in jeder Komponente je zwei Ecken durch eine Kante verbunden sind. Es seien A und B zwei Ecken der selben Komponente von G*-S (Bild 128). Dann existiert in dieser Komponente eine Kantenfolge, die einen Weg AXYZ...TB zwischen A und B bildet. Aus dem soeben bewiesenen Ergebnis folgt, daß es zu jeder Ecke im Weg eine Kante gibt, die A mit dieser Ecke verbindet. Weil AX und XY Kanten in G*-S sind, folgt aus dem

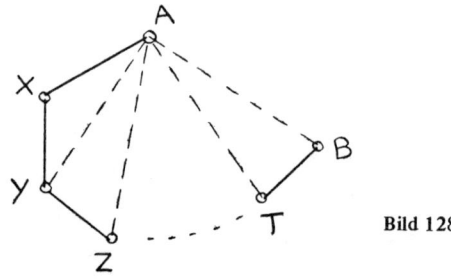

Bild 128

Lemma, daß auch AY in G*-S vorkommt; ebenso führen AY und YZ zur Kante AZ, und so weiter bis zur Kante AB selbst.

(c) *Der abschließende Widerspruch.*

Weil die Komponenten von G*-S vollständig sind, kann man die Paarung der Ecken in G*-S beinahe durch separierte Ecken von G*-S allein herbeiführen. Für die Ecken einer geraden Komponente gelingt das vollständig, in ungeraden Komponenten bleibt nur eine Ecke ungepaart. Wegen $|S| \geq S'$ enthält S hinreichend viele Ecken, um jeder ungeraden Komponente von G*-S einen anderen Punkt von S zuordnen zu können. Da jede Ecke in S mit jeder Ecke von G* verbunden ist, gibt es Kanten, von den den ungeraden Komponenten zugeordneten Punkten zu den unverbunden gebliebenen Ecken dieser Komponenten von G*-S, wodurch eine Paarung auch der übriggebliebenen Ecken dieser Komponenten von G*-S gegeben ist.

Dabei bleiben höchstens die restlichen Ecken von S ungepaart. Die Zahl der restlichen Ecken in S muß gerade sein, da man schon eine gerade Zahl von Ecken gepaart hat und G* selbst eine gerade Zahl von Ecken besitzt. Außerdem ist jede dieser Ecken — als Ecke in S — mit jeder der anderen verbunden. Deshalb ist es nicht mehr schwer, sie durch die zwischen je zweien existierende Kante zu verbinden, womit sich ein 1-Faktor in G* ergibt. Dieser Widerspruch beendet den Beweis.

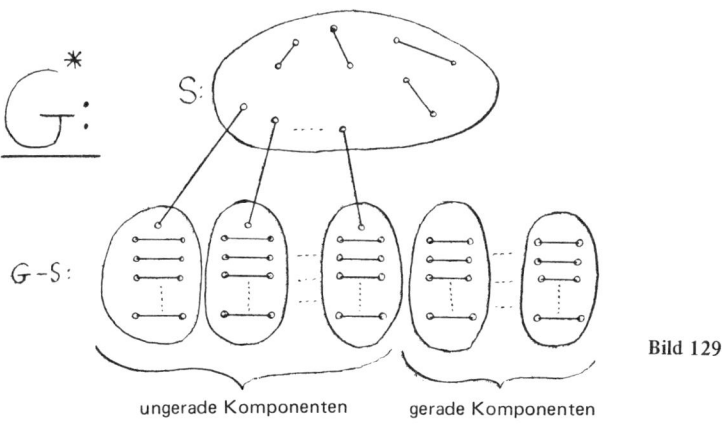

Bild 129

Lösungen der Übungsaufgaben

1 Drei überraschende kombinatorische und zahlentheoretische Ergebnisse

(1.1)
$$\binom{2p}{p} = \frac{(2p)!}{p!p!} = \frac{2p(2p-1)(2p-2)\ldots(2p-p+1)}{p!}$$
$$= \frac{2(2p-1)\ldots(p+1)}{(p-1)!}.$$

Folglich gilt
$$(p-1)!\binom{2p}{p} = 2(2p-1)(2p-2)\ldots(p+1).$$

Wegen $p + r \equiv r \pmod{p}$ erhält man daraus
$$(p-1)!\binom{2p}{p} \equiv 2(p-1)(p-2)\ldots(1) = 2[(p-1)!] \pmod{p}.$$

Weil schließlich $(p-1)!$ und p relativ prim zueinander sind (p ist Primzahl), folgt das Ergebnis $\binom{2p}{p} \equiv 2 \pmod{p}$.

(1.2) Es sei $n = p$ eine Primzahl. Dann gilt
$$\binom{n}{r} = \binom{p}{r} = \frac{p!}{r!(p-r)!},$$
oder
$$r!\binom{p}{r} = p(p-1)\ldots(p-r+1).$$

Wegen $1 \leq r \leq p-1$ kommt der Primfaktor p in $r!$ nicht vor. Weil aber p die rechte Seite teilt, ist auch die linke Seite der

Gleichung durch p teilbar. Folglich teilt p den Binomialkoeffizienten $\binom{p}{r}$; d.h., n ist Teiler von $\binom{n}{r}$.

Umgekehrt teile n die Zahlen $\binom{n}{r}$ für r = 1, 2, ..., n − 1. Daraus erhält man, daß

$$M = \frac{1}{n}\binom{n}{r} = \frac{(n-1)(n-2)\ldots(n-r+1)}{r!}$$

eine natürliche Zahl ist. p sei ein Primteiler von n. Wäre n ≠ p, dann müßte p < n sein, weswegen p unter den Zahlen 1, 2, ..., ..., n − 1 vorkäme. Es ist also p ein möglicher Wert von r. Für r = p enthält der Nenner von M − p! − den Primfaktor p. Keine der Zahlen im Zähler ist aber durch p teilbar:

$$p \nmid n-i \quad \text{für} \quad i = 1, 2, \ldots, p-1.$$

Folglich ist im Falle r = p die Zahl M keine ganze Zahl, was einen Widerspruch darstellt. Deshalb gilt n = p.

2 Vier geometrische Edelsteine von kleinerer Bedeutung

(2.1) Auf der Strecke BA trage man BM = p/2 ab (Bild 130). Dann zeichne man den Kreis K, der AB in M und außerdem BC berührt. K berührt dann BC in N, wobei BN = BM gilt. Die Tangente aus X an K, die B am nächsten liegt, bestimmt ein Dreieck PQB mit Umfang p. Berührt die Tangente K in L, dann gilt PL = PM und QL = QN. Folglich ist der Umfang des Dreieckes PQB durch BP + PL + LQ + QB = BM + BN = 2BM = p gegeben.

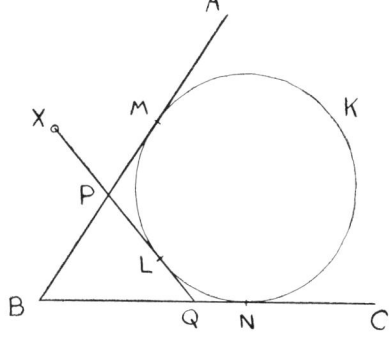

Bild 130

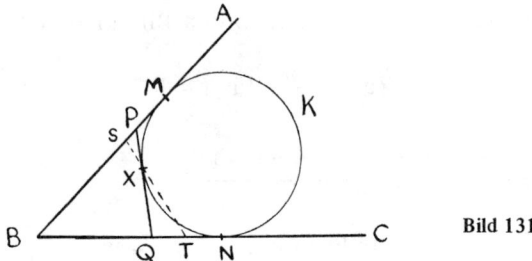

Bild 131

(2.2) Der Kreis K (Bild 131) berühre AB und AC und gehe durch X (die Konstruktion dieses Kreises stellt einen Spezialfall des berühmten Problems von Apollonius dar). Es gibt zwei Kreise, die diese Bedingung erfüllen. K sei der größere der beiden. Die Tangente aus X an K liefern das gewünschte Dreieck PQB.

Wie in Übung (2.1) hat dieses Dreieck den Umfang 2 BM. Weil PXQ eine Tangente ist, ist jede andere Gerade ST durch X eine Sekante von K. Der Umfang des Dreiecks STB ergibt sich als das Doppelte der Entfernung von B zum Berührungspunkt M' eines Kreises K', der AB, AC und ST berührt (vgl. Übung (2.1)). Weil ST eine Sekante von K ist, muß K' größer als K sein, weswegen auch BM' größer als BM ist. Das Dreieck PQB hat deshalb minimalen Umfang.

(2.3) Das Viereck sei ABCD (Bild 132), die Berührungspunkte mit der Kugel seien P, Q, R, S. Die Längen der Tangentenabschnitte

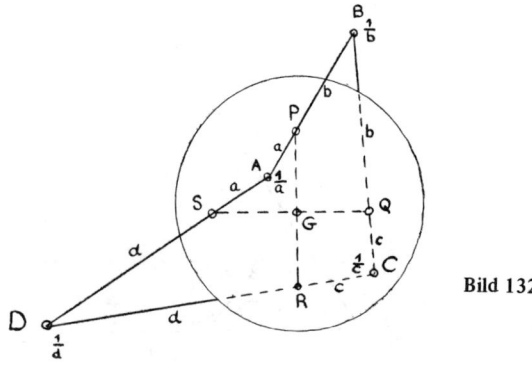

Bild 132

von A, B, C, D zu den jeweiligen Berührungspunkten seien durch a, b, c, d gegeben. Nun bringt man in A, B, C, D die Massen 1/a, 1/b, 1/c und 1/d an. Der Schwerpunkt der Massen in zwei benachbarten Ecken ist dann der Berührungspunkt der dadurch bestimmten Seite mit der Kugel. Die Massen 1/a und 1/b haben also ihren Schwerpunkt in P; die Massen 1/c und 1/d haben ihren in R. Folglich liegt der Schwerpunkt G des Gesamtsystems auf der Strecke PR. Analogerweise muß G auch auf QS liegen. PR und QA schneiden einander also in G. Deshalb ist durch diese Strecken eine Ebene π bestimmt. Diese Ebene schneidet die Kugel längs eines Kreises, der die vier Berührungspunkte P, Q, R und S enthält.

(2.4) Offensichtlich ist das Dreieck AC_1B_1 (Bild 133) zum Dreieck A_1C_1B kongruent (SWS-Satz). Eine Vierteldrehung um C_1 bringt das eine mit dem anderen zur Deckung. AB_1 und A_1B stehen also normal aufeinander. Der Seite AB liegt daher in P_1 ein rechter Winkel gegenüber. Ähnlich kann man sich überlegen, daß auch in P_2 und P_3 der Seite AB ein rechter Winkel gegenüberliegt, woraus folgt, daß der Umkreis des Dreiecks $P_1P_2P_3$ gerade der Kreis ist, der AB als Durchmesser enthält. Der Schatz ist deshalb im Mittelpunkt der Strecke AB vergraben.

Die folgende Lösung findet sich im American Mathematical Monthly, Vol. 65, 1958, p. 448 und stammt von R. R. Seeber, Jr., IBM Corp., Poughkeepsie, New York.

„Während er sich fragte, wie er vorgehen sollte, beobachtete der Pirat drei in einen wüsten Luftkampf verwickelte Möwen. Plötzlich fielen alle drei tot zu Boden. Das faßte der Pirat als gutes Omen auf und begann mit seiner ursprünglichen

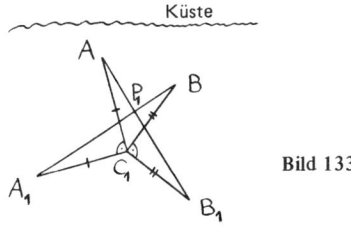

Bild 133

Konstruktion, wobei er die Lage der drei Vögel anstelle der drei Kokospalmen verwendete. Er fand den Schatz und bemerkte verwundert, daß er im Mittelpunkt von AB vergraben war, was vorher wegen einer küstenseitig gelegenen Gruppe von Kokospalmen nicht zu erkennen gewesen war."

(2.5) Man zeichne PA und PB, wodurch sich die Punkte X und Y auf dem Kreis ergeben (Bild 134). Die Winkel AXB und AYB sind dann rechtwinklig. Sodann bilden die Geraden AY und BX zwei Höhen des Dreiecks ABP. Ihr Schnittpunkt Z ist folglich der Höhenschnittpunkt des Dreiecks, und PZ ist die gewünschte dritte Höhe.

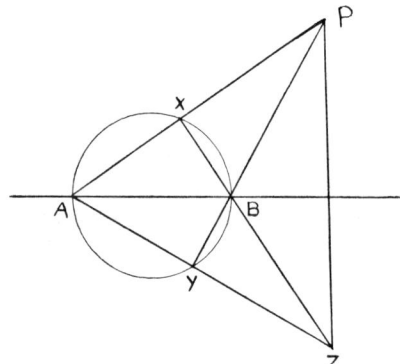

Bild 134

3 Primzahlerzeugung

(3.1) Es teile eine natürliche Zahl d zwischen 1 und 41 einen Wert $f(x) = x^2 + x + 41$. Durch Division mit Rest erhält man $x = kd + r$ mit $0 \leq r < d$. Dann gilt

$$f(x) = f(kd + r) = (kd + r)^2 + (kd + r) + 41$$
$$= d(k^2 d + 2rk + k) + r^2 + r + 41$$
$$= d(k^2 d + 2rk + k) + f(r).$$

Weil d ein Teiler von f(x) ist, teilt d ebenfalls f(r). Das ist jedoch unmöglich. Die Zahl r gehört dem Bereich der Zahlen $0, 1, \ldots, d-1$ mit $d - 1 \leq 39$ an, weswegen f(r) eine der Zahlen

$f(0), f(1), f(2), \ldots, f(39)$ ist. Von diesen Werten weiß man, daß sie die Primzahlen $41, 43, \ldots, 1601$ sind, von denen jede größer als d ist. d ist also kein Teiler von $f(r)$.

(3.2) Wir wissen, daß $f(x)$ für $x = -40, -39, \ldots, 39$ prim und deshalb kein Quadrat ist. Im Falle $x = -41$ und $x = 40$ ist $f(x)$ offensichtlich ein Quadrat.

Jetzt sei $x > 40$. $x = 41$ liefert $f(41) = 41 \cdot 43$, was keine Quadratzahl darstellt. Für $x = 42, 43, 44, \ldots$ gilt $f(x) = x^2 + x + 41 > x^2$ und $f(x - 1) = x^2 - x + 41 < x^2$. Folglich erhält man

$$f(x - 1) < x^2 < f(x).$$

Die Quadrate x^2 liegen also echt zwischen aufeinanderfolgenden Werten von $f(x)$. Den Bereich $x < -41$ behandelt man analog.

(4.3) Es sei $K = f(0) \cdot f(1) \ldots f(39)$. Dann ist $f(K + r)$ zusammengesetzt für $r = 0, 1, 2, \ldots, 39$. Es gilt nämlich

$$f(K + r) = (K + r)^2 + (K + r) + 41 = K(K + 2r + 1) + f(r),$$

weswegen $f(K + r)$ den nichttrivialen Teiler $f(r)$ hat.

(4.4) Die kleinste Primzahl ist 2, weswegen p größer oder gleich 12 sein muß. Sind p_1, p_2, p_3 von 3 verschieden, so ist jede von ihnen modulo 3 zu ± 1 kongruent. Folglich gilt

$$p \equiv p_1^2 + p_2^2 + p_3^2 \equiv 1 + 1 + 1 \equiv 0 \pmod{3},$$

was unmöglich ist, da p prim und nicht kleiner als 12 ist. Daher ist mindestens eine der Zahlen p_1, p_2, p_3 gleich 3.

(4.5) Im Falle $p = 2$ gilt $2^p + 3^p = 13$, was keine Potenz einer natürlichen Zahl darstellt. Für $p = 5$ erhält man $2^p + 3^p = 275$, was ebenfalls keine Potenz ist. Anderenfalls muß p eine ungerade Primzahl der Form $2k + 1$ sein. Dann gilt

$$2^p + 3^p = 2^{2k+1} + 3^{2k+1}$$
$$= (2 + 3)(2^{2k} - 2^{2k-1} \cdot 3 + 2^{2k-2} \cdot 3^2 - \ldots + 3^{2k})$$
$$= 5(2^{2k} - 2^{2k-1} \cdot 3 + \ldots + 3^{2k}).$$

Folglich ist 5 ein Teiler von $2^p + 3^p$. Nun zeigen wir, daß 5^2 kein Teiler mehr ist, woraus sich ergibt, daß $2^p + 3^p$ keine Potenz sein kann.

Modulo 5 gilt $3 \equiv -2$, woraus folgt:

$$2^{2k} - 2^{2k-1} \cdot 3 + 2^{2k-2} \cdot 3^2 - \ldots + 3^{2k}$$
$$\equiv 2^{2k} - 2^{2k-1}(-2) + 2^{2k-2}(-2)^2 - \ldots + (-2)^{2k}$$
$$= 2^{2k} + 2^{2k} + 2^{2k} + \ldots + 2^{2k}$$
$$= (2k+1) 2^{2k} = p \cdot 2^{p-1}.$$

p ist von 5 verschieden, also ist 5 kein Teiler von p. 5 teilt aber auch 2^{p-1} nicht. Daraus folgt die Behauptung.

5 Zwei kombinatorische Beweise

(5.1) Der zu einem spitzen Winkel gehörige Außenwinkel ist stumpf. Weil die Summe der Außenwinkel in jedem n-Eck genau 360° beträgt, kann es davon nicht mehr als drei geben. Das bedeutet, daß nicht mehr als drei spitze Innenwinkel auftreten. Weil es viele Dreiecke mit drei spitzen Winkel gibt, ist 3 tatsächlich das Maximum.

(5.2) Die gegebene Primzahl p ist zu 10 teilerfremd. Aus dem Fermatschen Satz folgt daher $p | 10^{p-1} - 1 = 99 \ldots 9 = 9(11 \ldots 1)$, wobei im letzten Faktor $(p-1)$ Mal die Ziffer 1 auftritt. Weil p auch zu 3 teilerfremd ist, ist p ein Teiler dieses Faktors $11 \ldots 1$.

(5.3) E_i bzw. F_i bezeichne die Anzahl der Ecken bzw. Flächen, die mit genau i Kanten inzidieren. Daraus folgt

$$E = E_3 + E_4 + \ldots, \quad F = F_3 + F_4 + \ldots.$$

Zählt man die Kantenendpunkte, so erhält man $3E_3 + 4E_4 + \ldots$ $\ldots = 2K$, weil jede Kante zwei Endpunkte besitzt. Zählt man jetzt die Kanten entlang der dazugehörigen Seitenfläche, so gelangt man zu $3F_3 + 4F_4 + \ldots = 2K$, weil jede Kante zwei Seitenflächen begrenzt. Die Eulersche Formel besagt $E - K + F = 2$ oder $4E - 4K + 4F = 8$, wodurch man erhält:

$$4(E_3 + E_4 + \ldots) - (3E_3 + 4E_4 + 5E_5 + \ldots) -$$
$$- (3F_3 + 4F_4 + 5F_5 + \ldots) + 4(F_3 + F_4 + \ldots) = 8$$
$$E_3 + F_3 = 8 + (E_5 + 2E_6 + 3E_7 + \ldots) +$$
$$+ (F_5 + 2F_6 + 3F_7 + \ldots) \geqslant 8.$$

Für $E_3 = 0$ folgt daraus $F_3 \geqslant 8$, weswegen es mindestens acht begrenzende Dreiecksseiten geben muß.

(5.4) Die Anzahl der Anordnungen von r Objekten aus einer Menge von n verschiedenen Objekten ist durch $n(n-1)\ldots(n-r+1)/r!$ gegeben. Die geforderte Gesamtzahl ist

$$N = \sum_{r=0}^{r=n} \frac{n!}{r!} = \frac{n!}{0!} + \frac{n!}{1!} + \ldots + \frac{n!}{n!} =$$
$$= \frac{n!}{0!} + \frac{n!}{1!} + \ldots + \frac{n!}{n!} + \frac{n!}{(n+1)!} + \frac{n!}{(n+2)!} + \ldots -$$
$$- \left[\frac{n!}{(n+1)!} + \frac{n!}{(n+2)!} + \ldots\right]$$
$$= n!\,e - \left[\frac{1}{n+1} + \frac{1}{(n+1)(n+2)} + \ldots\right].$$

Weiter gilt

$$\frac{1}{n+1} + \frac{1}{(n+1)(n+2)} + \ldots <$$
$$< \frac{1}{n+1} + \frac{1}{(n+1)^2} + \frac{1}{(n+1)^3} + \ldots =$$
$$= \frac{\frac{1}{n+1}}{1 - \frac{1}{n+1}} = \frac{1}{n} \leqslant 1.$$

Folglich ist $N = n! \cdot e - k$ mit $0 < k < 1$. N ist eine natürliche Zahl. Weil n!e selbst keine ganze Zahl ist (− e wäre sonst rational −), erkennt man, daß $n!e - k$ die größte ganze Zahl ist, die n!e nicht übersteigt. Daher ist $N = [n!e]$, wie verlangt.

(5.5) Wo auch immer die drei Ecken gewählt werden, denken wir uns die Figur so gedreht, daß eine dieser Ecken eine feste Lage A auf dem Kreis einnimmt. Dann liegen die beiden anderen Ecken B und C zufällig auf die übrigen 2n Ecken verteilt. Der Durchmesser durch A zerlegt diese Eckenmenge in zwei mit je n Ecken. Damit das Dreieck ABC den Mittelpunkt O enthält, müssen B und C auf verschiedene Seiten des Durchmessers AX liegen. Es sei B die Ecke „rechts" von AX (vgl. Bild 135). Die Seite AB schneide nun r Kanten des $(2n+1)$-Ecks ab, und BY bezeichne den Kreisdurchmesser durch B. Dann muß C auf dem AB gegenüberliegenden Bogen zwischen X und Y liegen, wenn O im Dreieck ABC liegen soll. Da $2n+1$ ungerade ist, gibt es zu jeder Kante des Polygons eine unmittelbar gegenüberliegende Ecke. Folglich liegen den r von AB abgeschnittenen Kanten r Ecken auf dem Bogen XY gegenüber.

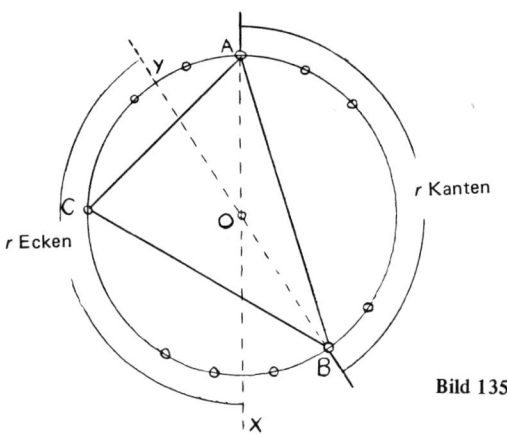

Bild 135

Die Wahrscheinlichkeit, daß AB genau r Kanten abschneidet, ist $1/n$ (weil jede der möglichen Kantenzahlen $1, 2, \ldots, n$ im „rechten" Halbkreis gleich wahrscheinlich ist. Nach der Wahl von B ist die Wahrscheinlichkeit dafür, daß C so gewählt wird, daß das Dreieck ABC den Mittelpunkt O enthält durch $r/(2n-1)$ gegeben, weil diesmal nur mehr r mögliche Ecken übrig sind. Die Gesamtwahrscheinlichkeit ist also durch die Summe

$$\sum_{r=1}^{n} \frac{1}{n} \cdot \frac{r}{2n-1} = \frac{1}{n} \cdot \frac{n(n+1)}{2(2n-1)} = \frac{n+1}{4n-2}$$

gegeben. Der Beziehung, daß diese Wahrscheinlichkeit der Quotient ist zwischen der Anzahl der Dreiecke, die O enthalten und der Gesamtzahl der Dreiecke, entnimmt man als Folgerung, daß die Zahl der O enthaltenden Dreiecke gegeben ist durch

$$\frac{n+1}{4n-2} \cdot \binom{2n+1}{3} = \frac{n+1}{4n-2} \cdot \frac{(2n+1)(2n)(2n-1)}{6}$$
$$= \frac{n(n+1)(2n+1)}{6},$$

was nichts anderes als die Summe der Quadrate der ersten n natürlichen Zahlen darstellt. Beim Übergang von einem $(2n-1)$-Eck zu einem $(2n+1)$-Eck nimmt man daher die Zahl der Dreiecke, die den Mittelpunkt enthalten, um n^2 zu.

7 Ein Satz von Gabriel Lamé

(7.1) Es sei N = 11...1, bestehend aus n Mal der Ziffer 1, die gesuchte Zahl; weiter sei 33...3 = 3K, wobei K aus genau hundert Ziffern 1 besteht. Damit N durch 3 teilbar ist, muß die Ziffernsumme von N — nämlich n — durch 3 teilbar sein (Dreier-Regel). Wir zeigen, daß, damit N durch K teilbar ist, n ein Vielfaches von 100 sein muß.

Sei — dem widersprechend — n = 100 q + r mit $0 < r < 100$ angenommen. R bezeichne die aus r Einsen bestehende Zahl R = 11...1. Dann gilt

N = 11...1
= $\underbrace{(11...1)}_{100} \underbrace{(11...1)}_{100} ... \underbrace{(11...1)}_{\substack{\text{q-te Gruppe} \\ \text{aus 100} \\ \text{Einsern}}} \underbrace{(11...1)}_{r}$

= $K \cdot 10^{100(q-1)+r} + K \cdot 10^{100(q-2)+r} + ... + K \cdot 10^r + R.$

Daraus folgt $N \equiv R \pmod{K}$. Falls K die Zahl N teilt, dann stimmt wegen $R < K$ die Zahl R mit 0 überein. Das bedeutet r = 0, ein Widerspruch.

Deswegen muß n durch 3 und 100 teilbar sein, damit N von 3 K geteilt werden kann. Folglich ist n ein Vielfaches von 300 selbst.

(7.2) Die Teiler von n seien der Größe nach geordnet $d_1 = 1, d_2, \ldots, d_k = n$. Die Zahlen $n/d_1, n/d_2, \ldots, n/d_k$ ergeben dann die gleiche Teilermenge in umgekehrter Anordnung. Es gilt daher

$$(d_1 d_2 \ldots d_k) \left(\frac{n}{d_1} \cdot \frac{n}{d_2} \cdots \frac{n}{d_k} \right) = (d_1 d_2 \ldots d_k)^2.$$

Folglich ergibt sich $n^k = (d_1 d_2 \ldots d_k)^2$.

(7.3) (a) x, y, z bezeichne drei Zahlen, die die geforderten Eigenschaften haben. Sie seien in der Reihenfolge $x < y < z$ gegeben.

z teilt x + y. Es ist $x + y < 2z$, weswegen z in x + y höchstens einmal aufgeht. Folglich erhält man z = x + y.

Daraus ergibt sich x + y = 2x + y, was durch y teilbar sein muß. y ist also ein Teiler von 2x. $2x < 2y$ führt dazu, daß y in x höchstens einmal aufgeht. Das bedingt y = 2x und z = x + y = 3x.

Die in Frage kommenden Zahlen sind also x, 2x, 3x. Weil sie paarweise teilerfremd sein müssen, ist x = 1. (1, 2, 3) ist daher die einzige Lösung der Aufgabe.

(b) $a < b < c$ bezeichne drei Zahlen, die die gestellten Anforderungen erfüllen. Das liefert ab/c = x + (1/c) oder ab − 1 = cx mit einer positiven ganzen Zahl x. Weiter ergibt sich

$$cx = ab - 1 < ab < ac, \quad \text{woraus} \quad x < a$$

folgt, was natürlich auch $x < b$ bedeutet.

Außerdem muß es eine Relation der Form ac/b = a + (1/b) geben, die man wieder als ac − 1 = by schreiben kann. b ist also ein Teiler von ac − 1 und von x(ac − 1). Es gilt

$$x(ac - 1) = acx - x = a(ab - 1) - x = a^2 b - (a + c).$$

b teilt somit a + x.

Durch ähnliche Überlegungen erkennt man a als Teiler von b + x. Aus $x < y < b$ folgt $a + x < 2b$, woraus sich wie in Teil (a) b = a + x ergibt. Das liefert b + x = a + 2x, was auch

noch durch a teilbar sein muß. a teilt daher 2x. a = 2x folgt dann aus 2x < 2a. Das wiederum bewirkt b = 3x. ab − 1 = x liefert
$$6x^2 - 1 = cx,$$
weswegen x ein Teiler von −1 ist.

Es ist daher x = 1, was bedeutet, daß (2, 3, 5) die einzig mögliche Wahl für (a, b, c) ist.

(7.4) $a^3 - b^3 - c^3 = 3abc$ bedingt b < a und c < a. Das ergibt b + c < 2a und 2(b + c) < 4a. Als Folge davon gelangt man zu $a^2 < 4a$ und a < 4.

Wegen $a^2 = 2(b + c)$ ist a^2 gerade. Daher muß a selbst ebenfalls gerade sein: a = 2. Das bewirkt b + c = 2, woraus b = c = 1 folgt.

(7.5) Man muß ein Beispiel für eine Ausführung des Euklidischen Algorithmus finden, bei dem die Anzahl der Schritte tatsächlich das Fünffache der Stellenzahl der Kleineren der beiden Ausgangszahlen ist. Ein solches Beispiel ist durch die Fibonacci-Zahlen 8 und 13 gegeben, wobei man wirklich 5 · 1 = 5 Schritte durchführen muß.

8 Packungsprobleme

(8.1)

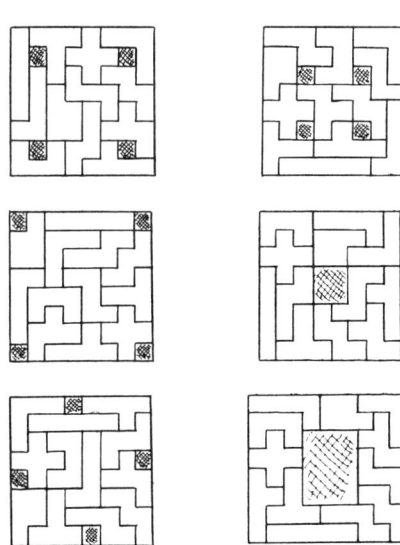

Bild 136

(8.2) Bezüglich der üblichen Schachbrettfärbung überdeckt der F-Hexomino 4 Felder einer und 2 der anderen Farbe. Wie beim L-Tetromino ergibt sich auch hierbei, daß F gerade ist ($4x + 2y = 2x + 4y$ hat $x = y$ zur Folge). Jede Aneinanderreihung dieser F's liefert wieder einen geraden Polyomino. Die aus n F's (n = 1, 2, 3, ...) gebildeten Polyominos ergeben daher eine unendliche Vielfalt gerader Polyominos, die einander offensichtlich in der Form nicht ähnlich sind (Bild 137). Da 15 Kopien eines L-Trominos ein 5 × 9-Rechteck überdecken (Bild 138), ist der L-Tromino ungerade. Aus diesem einen können wir unendlich viele einander paarweise nicht ähnliche ungerade Polyominos gewinnen. Dazu bläst man einfach überdeckte 5 × 9-Rechtecke gleichmäßig auf bis zur Abmessung 5a × 9b (Strecken um den Faktor a in der einen und um den Faktor b in der anderen Richtung). Dabei geht der L-Tromino in einen Polyomino M mit Außenkante 2a und 2b über (Bild 138). (Weil ein L-Tromino symmetrisch ist, geht er in eine Kopie von M über, wie auch immer er ursprünglich im 5 × 9-Rechteck gelegen ist.) In der Überdeckung des größeren Rechtecks kommen noch immer genau 15 Polyominos vor. M ist daher ungerade. Läßt man a und b Paare zueinander teilerfremde Zahlen durchlaufen, wobei die Werte der Zahlen zunehmen, so entsteht eine Unendlichkeit einander nicht ähnlicher ungerader Polyominos. Die Zeichnungen in Bild 139 zeigen, daß der P-Pentomino und der L-Pentomino ungerade sind.

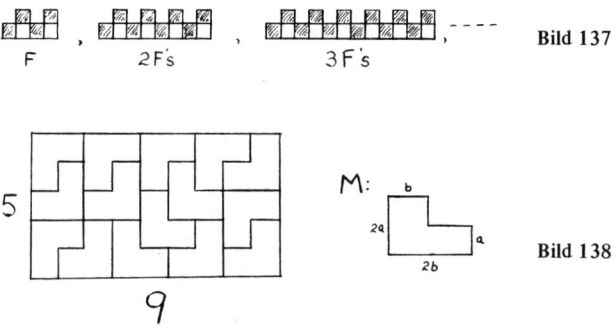

Bild 137

Bild 138

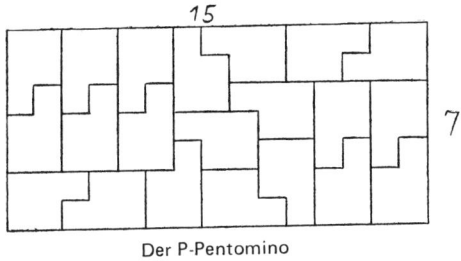

Der P-Pentomino

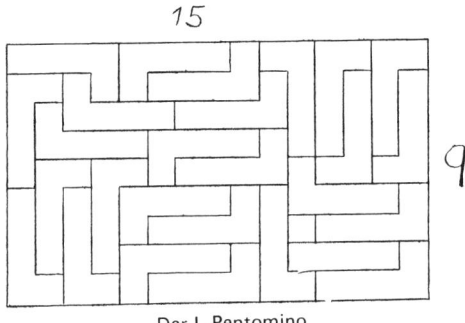

Der L-Pentomino

Bild 139

(8.3) **Satz:** *Ein* a × b-*Rechteck* R *ist mit* 1 × n-*Steinen überdeckbar genau dann, wenn* n *ein Teiler von* a *oder* b *ist.*

Beweis. (1) *Hinreichend:* Wird a durch n geteilt, dann kann offensichtlich R durch b Spalten mit je a/n Steinen überdeckt werden. Ähnlich geht man vor, wenn n ein Teiler von b ist (Bild 140).

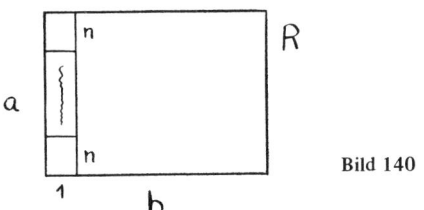

Bild 140

(2) *Notwendig:* Wir müssen aus der Existenz einer Überdeckung von R durch 1 × n-Steine darauf schließen, daß n ein Teiler von a oder b ist.

Zuerst konstruieren wir ein Buntglasfenster W, in dem das Basisrechteck D (Bild 141), das sogar ein n × n-Quadrat ist, immer wieder vorkommt. D selbst ist mit n Farben 1, 2, 3, ..., n versehen, so daß jede Farbe in jeder Zeile und jeder Spalte genau einmal auftritt. Die Farbe 1 tritt längs der Hauptdiagonalen auf. Das Fenster W induziert eine Färbung des a × b-Rechtecks R, wobei ein Basisquadrat D in die obere, linke Ecke von R kommt (Bild 142).

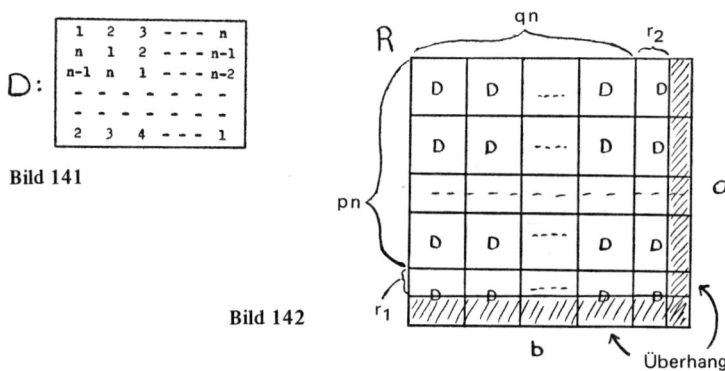

Bild 141

Bild 142

Wo immer jetzt ein 1 × n-Stein in der Überdeckung von R vorkommt, überdeckt er genau ein Feld jeder Farbe — für Spalten oder Zeilen von D ist das offensichtlich; liegt der Stein auf Teilen zweier Kopien von D, dann überdeckt er in der einen Kopie genau die Farben, die er in der anderen nicht überdeckt. Aus dem Vorhandensein einer Überdeckung folgt daher, daß in der Färbung von R jede Farbe gleich oft vorkommt. Wir sagen, daß R „gleichmäßig" gefärbt ist.

Nimmt man an, daß n weder a noch b teilt, dann gilt

$$a = pn + r_1, \quad b = qn + r_2 \quad \text{mit} \quad 0 < r_1, r_2 < n.$$

Auf der rechten Seite des Rechtecks R gibt es dann eine Spalte von Kopien von D, so daß die je ersten r_2 Spalten dieser D-

Kopien in R liegen und die übrigen über R hinaushängen. An der Unterseite von R gilt entsprechend, daß die ersten r_1 Zeilen der D-Kopien in R liegen und die übrigen runterhängen. Wir schneiden die überstehenden Teile weg und betrachten nur das Gebiet des Rechtecks R (Bild 143).

A bezeichne das Gebiet links oben, daß von ganzen D-Kopien überdeckt ist, B bezeichne jenes der D-Teile rechts von A. Weiter sei C das Gebiet der D-Teile unter A, sowie E das verbleibende $r_1 \times r_2$-Rechteck in der rechten unteren Ecke von R. Im Bereich A kommt jede Farbe gleich oft vor, da A von ganzen D-Kopien überdeckt ist. Das gilt aber auch für die Bereiche B und C, da diese eine ganze Zahl von vollständigen Spalten bzw. Zeilen von D enthalten. Weil auch R gleichmäßig färbbar ist, muß deshalb das Rechteck E ebenfalls diese Eigenschaft haben (E geht aus R durch Wegnahme von A, B und C hervor). Gleich werden wir sehen, daß das unmöglich ist.

E ist ein $r_1 \times r_2$-Rechteck (Bild 144), das aus der linken oberen Ecke einer D-Kopie ausgeschnitten wird. Die Farbe 1 tritt folglich in E entlang einer „Diagonalen" auf. Die Anzahl der Felder 1 in E ist durch die kleinere der beiden Zahlen r_1 und r_2 gegeben, die natürlich auch übereinstimmen können. Sei o.B.d.A. r_1 diese Zahl. Weil jede Farbe in E gleich oft auftritt, kommt jede Farbe genau r_1 Mal vor. Insgesamt hat also E genau nr_1 Felder. E enthält andererseits $r_1 r_2$ Felder, woraus $r_1 r_2 = nr_1$ und $r_2 = n$ folgt, ein Widerspruch. Damit ist der Satz bewiesen.

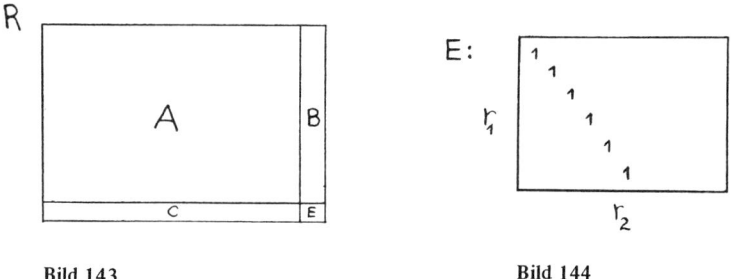

Bild 143   **Bild 144**

Nun gilt offensichtlich, daß eine Überdeckung eines a × b-Rechtecks R durch c × d-Rechtecke Überdeckungen liefert sowohl durch c × 1-Steine als auch durch 1 × d-Steine (ein c × d-Rechteck besteht aus d c × 1-Steinen oder aus c 1 × d-Steinen). Aus dem Satz von Klarner folgt daher, daß c ein Teiler von a oder b ist und daß d ebenfalls a oder b teilt. Der Rest sei dem Leser überlassen.

(8.4) *Klarners eigene erste Lösung seines Puzzles:*

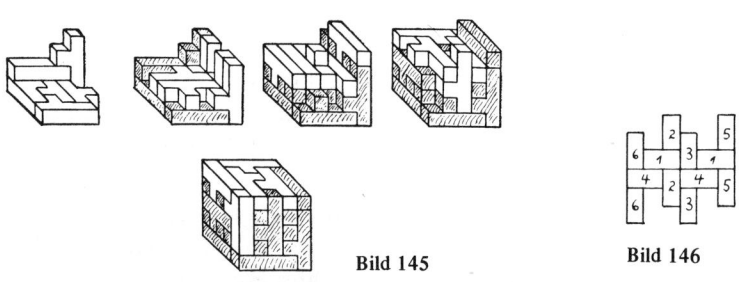

Bild 145   Bild 146

(8.5) Kopien des zusammengesetzten Stücks aus Bild 146, das aus sechs der gegebenen Teile besteht, passen so zusammen, daß man damit die ganze Ebene überdecken kann.

9 Ein Satz von Bang und das gleichschenklige Tetraeder

(9.1) AP und AQ mögen das Dreieck BCD in P' und Q' schneiden; P'Q' schneide den Rand des Dreiecks in P_1 und Q_1 (Bild 147). Dabei liege P_1 o.B.d.A. auf BC. Weil ABCD regulär ist, folgt $P_1 A = P_1 D$. Wo immer jetzt Q_1 auf BD oder CD liegt, ist die Länge von $P_1 Q_1$ nicht größer als die von $P_1 D$ (der von einem Punkt auf einer Seite eines gleichseitigen Dreiecks am weitesten entfernte Punkt des Dreiecks ist die gegenüberliegende Ecke). Folglich gilt

$$P_1 A = P_1 D \geqslant P_1 Q_1.$$

Ganz analog erhalten wir (wenn man Q_1 auf CD annimmt) $Q_1 A = Q_1 B \geqslant Q_1 P_1$. Die Seite $P_1 Q_1$ ist also im Dreieck $P_1 Q_1 A$

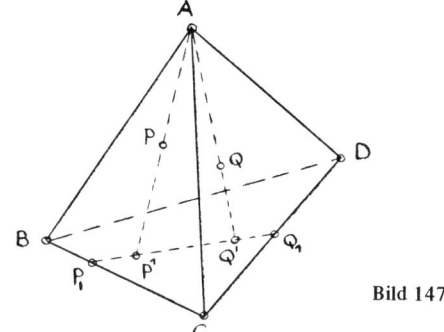

Bild 147

die Seite kleinster Länge. Daher ist der Winkel ∢ P_1AQ_1 minimal im Dreieck, weswegen er nicht größer sein kann als 60°. Weil ∢ PAQ kleiner als ∢ P_1AQ_1 ist, ist ∢ PAQ kleiner als 60°.

10 Eine interessante Reihe

(10.1)
$$1 + \frac{1}{3} + \frac{1}{5} + \frac{1}{7} + \frac{1}{9} + \frac{1}{11} + \frac{1}{13} + \ldots$$
$$= \left(1 + \ldots + \frac{1}{9}\right) + \left(\frac{1}{11} + \ldots + \frac{1}{99}\right)$$
$$+ \left(\frac{1}{111} + \ldots + \frac{1}{999}\right) + \ldots {}^*)$$
$$< 2 + 25\left(\frac{1}{11}\right) + 125\left(\frac{1}{111}\right) + 625\left(\frac{1}{1111}\right) + \ldots$$
$$< 2 + 25\left(\frac{1}{10}\right) + 125\left(\frac{1}{100}\right) + 625\left(\frac{1}{1000}\right) + \ldots$$
$$= 2 + \frac{25}{10}\left(1 + \frac{5}{10} + \frac{5^2}{10^2} + \ldots\right)$$
$$= 2 + \frac{5}{2}\left[\frac{1}{1 - \frac{1}{2}}\right] = 2 + 5 = 7.$$

---

*) Es ist einfach einzusehen, daß jeder dieser Klammerausdrücke genau fünfmal soviele Glieder enthält wie der unmittelbar davor stehende. Jeder Nenner in einem Klammerausdruck kommt im nächsten ebenfalls vor, und zwar nach jeder der fünf Ziffern 1, 3, 5, 7 und 9.

(10.2) Gilt
$$S = 1 + \frac{1}{2} + \frac{1}{3} + \frac{1}{4} + \frac{1}{5} + \frac{1}{6} + \ldots,$$
so folgt
$$S > \frac{1}{2} + \frac{1}{2} + \frac{1}{4} + \frac{1}{4} + \frac{1}{6} + \frac{1}{6} + \ldots$$
$$= 1 + \frac{1}{2} + \frac{1}{3} + \ldots$$
$$= S.$$

(10.3) **Lösung 1**:
$$e^x = 1 + x + \frac{x^2}{2!} + \ldots > 1 + x.$$
Folglich
$$e^N = e^{1 + 1/2 + 1/3 + \ldots + 1/n}$$
$$= e^1 \cdot e^{1/2} \cdot e^{1/3} \ldots e^{1/n}$$
$$> (1 + 1)\left(1 + \frac{1}{2}\right)\left(1 + \frac{1}{3}\right) \ldots \left(1 + \frac{1}{n}\right)$$
$$= 2 \cdot \left(\frac{3}{2}\right) \cdot \left(\frac{4}{3}\right) \ldots \left(\frac{n+1}{n}\right) = n + 1.$$

Lösung 2: Die Ungleichung gilt für n = 1. Gilt weiter
$$e^{1 + 1/2 + 1/3 + \ldots + 1/k} > k + 1,$$
so auch
$$e^{1 + 1/2 + 1/3 + \ldots + 1/k + 1/(k+1)}$$
$$= (e^{1 + 1/2 + 1/3 + \ldots + 1/k}) \cdot e^{1/(k+1)}$$
$$> (k + 1)\left(1 + \frac{1}{k+1}\right) = k + 2.$$

Die Ungleichung ist daher (Induktion) für alle n gültig.

Lösung 3:

$$N = 1 + \frac{1}{2} + \frac{1}{3} + \ldots + \frac{1}{n} > \int_1^{n+1} \frac{dx}{x} = \ln(n+1).$$

Das liefert

$$e^N > e^{\ln(n+1)} = n + 1.$$

(10.4) Es sei $1 + 1/2 + 1/3 + \ldots + 1/n = k$, eine natürliche Zahl. Dann gibt es eine natürliche Zahl r mit $2^r \leq n < 2^{r+1}$. Jede natürliche Zahl ist in der Form $m = 2^q t$ mit ungeradem t darstellbar. Der Nenner m in $1/m$ sei nun von dieser Form. Daraus folgt

$$n!\, k = \frac{n!}{1} + \frac{n!}{2} + \ldots + \frac{n!}{2^q t} + \ldots + \frac{n!}{n}.$$

Jeder Term der rechten Seite ist ganz. Wegen $2^r \leq n < 2^{r+1}$ enthält genau ein Nenner d den Faktor 2 r-mal. Betrachtet man den entsprechenden Bruch der rechten Seite, so enthält dieser ein Minimum an (ungekürzten) Faktoren 2. Dividiert man jeden Term der Gleichung durch die entsprechende minimale Zahl von Zweierfaktoren, so erhalten wir lauter gerade Quotienten mit der einzigen Ausnahme von $n!/d$. Dieser Term ist ungerade. Weil er der einzige ist, muß die Seite der Gleichung ungerade sein. Die linke Seite aber bleibt gerade. Dieser Widerspruch liefert das gewünschte Ergebnis.

12 Die durch n Punkte der Ebene bestimmte Menge von Abständen

(12.1) n muß größer oder gleich 3 sein, da die Punktmenge sonst kollinear wäre. Für $n = 3$ ergibt sich ein Dreieck und die Behauptung ist richtig. Nun gehen wir durch Induktion weiter. Die Behauptung sei also richtig für n Punkte. Sodann sei $A_1, A_2, \ldots, A_{n+1}$ eine Menge von $n + 1$ Punkten, die nicht alle auf einer Geraden liegen. Wegen der bekannten Eigenschaft gibt es eine Gerade, sagen wir $A_n A_{n+1}$, die keine anderen Punkte der Menge enthält. Wir unterscheiden zwei Fälle:

Fall (i): $A_1, A_2, \ldots, A_n$ sind kollinear. In diesem Fall kann nicht auch A_{n+1} auf der dadurch bestimmten Geraden liegen, da sonst alle n + 1 Punkte kollinear wäre, woraus folgt, daß $A_{n+1}A_1, A_{n+1}A_2, \ldots, A_{n+1}A_n$ lauter verschiedene Geraden sind. Mit $A_1 A_n$ ergibt das insgesamt n + 1 verschiedene Geraden.

Fall (ii): $A_1, A_2, \ldots, A_n$ sind nicht kollinear. Dann gibt es nach Induktionsvoraussetzung n verschiedene Geraden zwischen den Punkten $A_1, A_2, \ldots, A_n$. Die Gerade $A_n A_{n+1}$ ist von all diesen verschieden, weil sie nur einen der n ersten Punkte (nämlich A_n) enthält. Wieder erhalten wir also mindestens n + 1 verschiedene Geraden.

Damit ist die Behauptung gezeigt.

13 Eine Aufgabe aus dem Putnam Wettbewerb

(13.1) Es gibt 8 Klassen von Gitterpunkten (x, y, z) die der Gerad- bzw. Ungeradzahligkeit von x, y und z entsprechen (z.B. x ungerade, y gerade und z ungerade). Aus dem Dirichletschen Schubfachprinzip folgt dann, daß mindestens zwei der neun Gitterpunkte einer gemeinsamen Klasse angehören. Diese beiden seien (x_1, y_1, z_1) und (x_2, y_2, z_2). Der Mittelpunkt der dadurch bestimmten Strecke

$$\left(\frac{x_1 + x_2}{2}, \frac{y_1 + y_2}{2}, \frac{z_1 + z_2}{2} \right)$$

ist selbst ein Gitterpunkt, da die Zähler in den Koordinaten gerade sind (als Summen zweier gerader oder zweier ungerader Zahlen).

Namen- und Sachwortverzeichnis

Acht-Punkt-Kreis 9

Bernhart, Frank 16
Boas, R. P. 93
Brand, Louis 9
Bredihin, B. M. 26
Brooks, Smith, Stone, Tutte 65
Buntglasfenster 59

Conway, John 22, 69
Coppersmith, Don 80
Coxeter, H. S. M. 44

1-Faktor 135
Emch, Arnold 17
Erdös, Paul 102, 108, 113
Euklidscher Algorithmus 48
Euler, Leonhard 25, 41, 105

Féjes-Toth, L. 12
feste Packungen 62
Feuerbach, Karl 8
Fibonaccifolge 49
Fuss, Nicholaus 42

Gehrke 85
gesättigter Graph 139
Gitterpunkt 128
gleichschenklige n-punktige Menge 114
gleichschenkliges Sechseck 114
Gobel, F. 66
Goldener Schnitt 23
Golomb, S. W. 51, 54, 58
Gomory, Ralph 53
Graph 135
Grossmann 48

Hamilton, W. R. 34
harmonischer Block 62

harmonische Reihe 89, 93
Hautus, M. L. J. 60
Hexlet 44

Irwin, Frank 93

Johnson, Roger 15

Kelly, L. M. 113
Kempner, A. J. 90
Klarner, David 56, 60, 66, 73, 81
Klee, Victor 95
kleiner Fermatscher Satz 37
Kollros, Louis 44
Konfiguration F 114
Konvexe Hülle 103
Kreisspiegelung 17, 18, 43

Lagrange, J. L. 27
Lapcevic, Brian 64
Legendre, A. 2
Lehmer, D. H. 26
Leibniz, W. G. 27
Lenz 112
Lovász, Lászlo 135

Mills, W. H. 26
Möwen 149

Neun-Punkt-Kreis 8
Newman, Donald, J. 35

Packungssatz 66
Pascalsches Dreieck 3
Polyominos 51
Poncelet, J.-V. 8, 42
Pósa, Louis 35
prime Schachteln 65
Primzahlkriterium 30

Satz von Bang 85
Satz von de Bruijn 62
Satz von Dirac 34
Satz von Wilson 27
Schmall, C. N. 9
Sierpinski, W. 48
Slothouber-Graatsma-Puzzle 68
Soddy, Frederick 44
spaltbar 66
Steinersche Ketten 43
Subbarao, M. V. 30

Thompson, S. T. 14
Tutte, W. T. 65, 135, 138

Überdeckung der Ebene 79
Überdeckung der Geraden 76
USA-Olympiade 84, 88

Wadhwa, A. D. 93
Walkup, D. W. 57
Waring, Edward 27
Wrench, J. W. 93